# Britische Spezialwaffen 1939–1945

Ausrüstung für Eliteeinheiten, Geheimdienst und Widerstand

**Wolfgang Michel**

“Let us therefore brace ourselves to our duties, and so bear ourselves that if the British Empire and its Commonwealth last for a thousand years, men will still say: ‚This was their finest hour‘.”

(Winston S. Churchill, 18. Juni 1940)

Bibliografische Information der Deutschen Nationalbibliothek:
Die Deutsche Nationalbibliothek verzeichnet diese Publikation in der Deutschen Nationalbibliografie; detaillierte bibliografische Daten sind im Internet über http://dnb.d-nb.de abrufbar.

Britische Spezialwaffen 1939–1945
1. Auflage
ISBN: 978-3-8423-3944-6

Herstellung und Verlag: Books on Demand GmbH, Norderstedt

# Inhalt

# Einleitung

Schon bald nachdem die Achsenmächte zu Beginn des Zweiten Weltkriegs weite Teile Kontinentaleuropas und Asiens besetzt hatten, bildeten sich dort zivile Widerstandsgruppen. Großbritannien begann frühzeitig, die irregulären Kämpfer mit Waffen und Ausrüstung zu versorgen.

Bei diesen Kampfmitteln, die meist per Fallschirm abgeworfen wurden, handelte es sich jedoch nicht ausschließlich um Standardausrüstung der britischen Armee. Vielmehr entstanden im Vereinigten Königreich bald Entwicklungslabors und Werkstätten, die speziell für die Bedürfnisse von Widerstandsorganisationen ausgelegte Ausrüstung produzierten. Denn auch Personen ohne militärische Ausbildung mussten die Waffen und Sprengmittel sicher einsetzen und mitunter verdeckt transportieren und lagern können.

Doch sollten nicht nur einheimische zivile Kämpfer dieses Sabotagematerial einsetzen. Denn die britische Strategie setzte auch insgesamt auf die Mittel des „Kleinen Krieges", was kurz nach Kriegseintritt des Empires zur Gründung des Geheimdienstes „Special Operations Executive" (SOE) führte. Diese Organisation sollte nicht in erster Linie Informationen beschaffen, sondern in erster Linie einen Guerillakrieg in den besetzten Ländern entfachen. Dazu benötigten ihre Agenten natürlich spezielle Waffen und Ausrüstungsgegenstände, die Großbritannien deshalb während des gesamten Kriegsverlaufs in großer Zahl herstellte.

Dieses Buch stellt die wichtigsten dieser Kampfmittel vor und erläutert deren Entwicklung und Einsatzszenarien. Der Anhang besteht aus einem Nachdruck eines Sabotagehandbuchs, das die SOE zusammen mit Waffen und Sabotagematerialien über den besetzten Gebieten abwarf. Der Text lag in sieben europäischen Sprachen vor, wird hier aber nur in seiner deutschen Version wiedergegeben. Er ermöglicht einen Einblick in die Handhabung der vorgestellten Gegenstände.

Abb. 1: Milton Hall, England, 1. Januar 1944 – Zwei Agenten trainieren für ihren Einsatz hinter den feindlichen Linien.

# Großbritanniens Guerillakrieg gegen die Achsenmächte

Anfang Juni 1940 befand sich Großbritannien in einer militärisch ausweglos erscheinenden Situation. Nazideutschland hatte große Teile Europas unterworfen und der Kriegseintritt der USA war noch nicht absehbar. Die Sowjetunion schied durch den Hitler-Stalin-Pakt als möglicher Verbündeter aus.

Somit leistete das Empire zu diesem Zeitpunkt als einzige europäische Nation aktiven militärischen Widerstand gegen die aggressiven Eroberungszüge von Hitlers Armeen. Jedoch drohte den Briten nach dem verlorenen Frankreichfeldzug und der Evakuierung ihrer Truppen aus Dünkirchen die Niederlage, denn die deutsche Invasion der Insel schien kurz bevorzustehen.

In diesem Moment entschied sich das Königreich, die Möglichkeiten der verdeckten Kriegsführung zu nutzen und begann, besonders im besetzten Frankreich einen Guerillakrieg gegen die Deutschen zu organisieren. Die britischen Strategen hatten nämlich bereits in dieser frühen Phase des Krieges erkannt, dass ein Guerillakrieg hinter den feindlichen Linien den Gegner entscheidend schwächen und zwingen konnte, an den Fronten Kräfte zur Stabilisierung der besetzten Gebiete abzuziehen. Die Grundlage dafür hatten die Deutschen selbst geschaffen, indem sie mit ihren als „Blitzkriegstaktik" bekannt gewordenen schnellen militärischen Operationen große Teile Europas erobert hatten. Damit lagen hinter ihren Fronten riesige Gebiete, deren „besiegte" Bevölkerung sie nun unter Kontrolle halten mussten. Es sollte zu einem wesentlichen Bestandteil der alliierten Strategie werden, den Widerstandswillen dieser unterdrückten Nationen zu stärken und für ihre eigenen Ziele nutzbar zu machen.[1]

1 Vgl. Hahlweg 1967, S. 24–25

## 1. Die Special Operations Executive

Diese Aufgabe zu koordinieren, oblag dem 1940 gegründeten Geheimdienst „Special Operations Executive" (SOE). Seine Agenten sollten in die besetzten Länder eindringen, dort Sabotageakte durchführen und einheimische Widerstandsgruppen unterstützen. Eingebettet in die Gesamtstrategie der englischen und später alliierten Kriegsführung zielten sie darauf ab, den Feind durch permanente Angriffe zu schwächen und in seiner Bewegungsfreiheit einzuschränken.

„To coordinate all action by way of subversion and sabotage against the enemy overseas", so Churchill in einem Memorandum an sein Kriegskabinett. Darüber hinaus fasste der britische Premier die Aufgabe der SOE in die markanten Worte: „…to set Europe ablaze".

Als Folge der rigorosen deutschen Besatzungspolitik trafen die britischen Agenten oft auf bereits aktive Widerstandsgruppen, die sie als verlässliche Partner in der Kleinkriegsführung gewinnen konnten. Um die mutigen einheimischen Widerstandskämpfer überhaupt handlungsfähig zu machen, gehörte es zu den wesentlichen Aufgaben der SOE, die Gruppen mit Waffen und Ausrüstung zu versorgen. Bis zum Kriegsende warfen britische Flugzeuge unter Federführung des Geheimdienstes Tausende Tonnen Material über den besetzten Ländern ab.

Diese Operationen erforderten jedoch langwierige Verhandlungen mit den Oberen von Armee und Luftwaffe, denn die konservativen Militärs lehnten diese „neumodischen" Methoden meist ab. Als Folge war nicht nur die RAF stets recht zurückhaltend, wenn es um die Bereitstellung wertvoller Bomberkapazitäten ging. Auch die Armeeführung ließ um jede Waffe und jedes Kilo Sprengstoff mit sich ringen, was zu vielen unnötigen Verzögerungen führte.

Abb. 2: Ein Mitglied der französischen Resistance bringt eine Sprengladung an einem Bahngleis an. Foto: Imperial War Museum (IWM) HU 56936

Die „Special Operations Executive" verfügte, als „Neuling" in der britischen Behördenlandschaft, nur über wenige wirksame Kontakte zu anderen staatlichen Stellen. Allerdings genoss der Dienst die direkte Protektion Winston Churchills, denn der wollte einheimische Widerstandskräfte zu "Geheimarmeen" zusammenführen und dafür sorgen, dass diese ihre Operationen den großmaßstäblichen strategischen Zielen der Alliierten unterordneten.

Er rechnete fest damit, die von den Deutschen besetzten Länder Europas und Skandinaviens zurückerobern zu müssen. Besonders im Falle Frankreichs war ihm frühzeitig klar, dass hier ein aus militärischer Sicht sehr bedenkliches Landungsmanöver von See her erforderlich sein würde. Um den alliierten Armeen dabei die Bildung eines Brückenkopfes zu erleichtern, sollten die von der SOE organisierten Widerstandsgruppen zum gegebenen Zeitpunkt die deutschen Nachschubwege im Hinterland lähmen. Genau dies geschah im Juni 1944 und dieser Beitrag der SOE am sogenannten „D-Day" stellt einen der größten Erfolge dieses neuartigen Geheimdienstes dar.[2]

Da die SOE eine komplette Neugründung war, arbeiteten darin nur wenige Geheimdienstler von echtem Schrot und Korn. Die meisten Mitarbeiter waren direkt von Hochschulen abgeworben worden, waren Offiziere in Armee, Marine oder Luftwaffe oder hatten schlicht als Juristen oder Börsenmakler ihr Brot verdient.

In der kurzen Zeit des Bestehens der SOE, von 1940 bis 1946, mussten sich die meisten Mitarbeiter sehr schnell mit ihrem neuen Aufgabenfeld vertraut machen und oft improvisieren oder ungewöhnliche Wege gehen. Dieser Umstand brachte der SOE bei den konkurrierenden britischen Diensten bald den Ruf ein, amateurhaft zu arbeiten. Auch wenn dies zum Teil sicherlich zutraf, schufen die unkonventionellen Krieger jedoch Grundlagen, die bis heute für die staatlich praktizierte Guerillakriegsführung von Bedeutung sind.

Besonders die technische Ausrüstung der Agenten stand bereits kurz nach Gründung der SOE im Mittelpunkt. Denn einerseits benötigten die Einsatzkräfte modernste Kommunikationsmittel, um den Kontakt mit der militärischen Führung in London aufrechterhalten zu können. Darüber hinaus wurden die SOE-Agenten viel eher als operative Kräfte der herkömmlichen Dienste in direkte Kampfhandlungen verwickelt.

2 Vgl. Hahlweg 1967, S. 25f

Somit benötigten sie andere Formen von Bewaffnung und es sollte sich bald zeigen, dass diese bei Kriegsbeginn in Großbritannien nicht verfügbar waren. Deshalb gründete die SOE schon bald eine große Entwicklungsabteilung und eigene Produktionsstätten, in denen Agentenausrüstung in großen Serien, aber auch als Einzelanfertigungen für ganz besondere Operationen hergestellt werden konnten. Hier entwickelten von der SOE rekrutierte Wissenschaftler und Ingenieure den gesamten Kriegsverlauf hindurch Sprengmittel, Funkgeräte und Waffensysteme jeder Art.

Da der Fantasie der Planer von SOE-Operationen offenbar nur wenig Grenzen gesetzt war, fragten sie schon bald nach Gründung des Dienstes immer ausgefallenere Spezialausrüstung an. Diese musste oftmals nicht nur gesondert angefertigt, sondern überhaupt erst erfunden werden.

Mit der Entwicklung war die SOE-Abteilung „Station IX" betraut, die in dem Landhaus „The Frythe" im Londoner Vorort Welwyn angesiedelt war. Neben neuartigen Funkgeräten, Sprengmitteln und Tauchapparaten entstanden dort auch andere Spezialwaffen, die zum Teil in Stückzahlen von mehreren Tausend hergestellt wurden. Sowohl aus Geheimhaltungsgründen, als auch weil in der unter Kriegsbewirtschaftung stehenden britischen Industrie keine Fertigungskapazitäten zur Verfügung standen, stellte die SOE einen großen Teil ihrer Spezialausrüstung selbst her. Dazu hatte sie in der „Station XII"

Abb. 3: Das Landhaus „The Frythe" im Londoner Stadtteil Welwyn. Sitz der SOE-Entwicklungsabteilung Station IX.

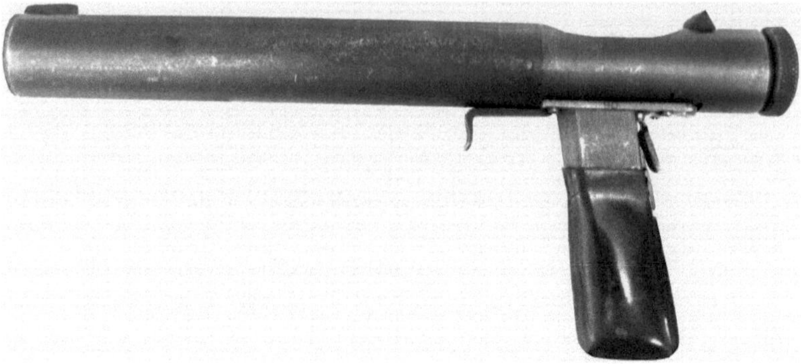

Abb. 4: Die Schalldämpferpistole Welrod Mk II – Eine Koproduktion der SOE Stations IX und XII.

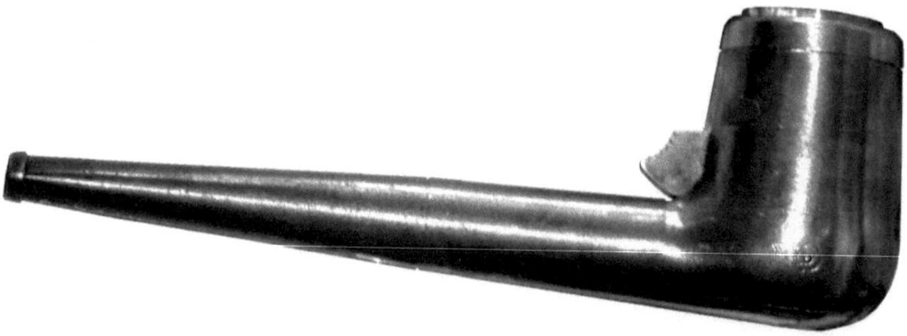

Abb. 5 und 6: Eine Tabakpfeife mit eingebauter Kleinkaliberpistole. Keine Idee war für die Ingenieure der SOE zu ausgefallen.

in Aston House, Hertfordshire, Werkstätten aufgebaut, die auch hoch spezialisierte Ausrüstungsgegenstände in größeren Serien produzieren konnten.[3]

**2. Die British Commandos**

Doch auch militärische Spezialeinheiten Großbritanniens sollten besonderen Bedarf an spezieller Sabotageausrüstung haben. Denn die Briten, ebenfalls auf direkte Intervention Winston Churchills, schufen die Spezialeinheit „British Commandos". Diese sollte – in meist amphibischen Operationen – kleinräumige Angriffe gegen die deutsch besetzten Küsten in Frankreich, Norwegen und auf den Kanalinseln führen, dort militärisch relevante Infrastruktur zerstören und eine größtmögliche Anzahl getöteter deutscher Soldaten zurücklassen.

Abb. 7: Ärmelabzeichen „Combined Operations".

Kaum hatten die letzten Soldaten der glücklosen britischen Expeditionsarmee in Dünkirchen französischen Boden verlassen, begann am 8. Juni 1940 die Aufstellung der ersten Kommandoeinheit aus Freiwilligen anderer Truppenteile, dies zunächst unter der Bezeichnung „Independent Companies". Winston Churchill wollte, nicht zuletzt um die Moral seiner Landsleute aufrechtzuerhalten, unverzüglich mit Angriffen auf die eben erst aufgegebenen Küsten beginnen.

Es kristallisierte sich schnell heraus, dass die Eliteeinheit nur unter Zusammenarbeit aller drei Waffengattungen, also Landstreitkräfte, Marine und Luftwaffe, die geplanten räumlich und zeitlich begrenzten Angriffe auf die von den

3 Vgl. Boyce 2003, S. 25–29

Deutschen besetzten Küsten starten konnten. Zur Koordination wurde deshalb ein Führungsstab unter der Bezeichnung „Combined Operations" gegründet.

Die Aufgabe der neuen Einheiten war deutlich: Die feindlich besetzten Küsten angreifen, dort so große Zerstörungen wie möglich anrichten oder wertvolle Informationen erbeuten und sich in kürzester Zeit wieder zurückziehen. Dadurch sollten zusätzliche feindliche Kräfte gebunden und der Widerstandswille der Einwohner der besetzten Gebiete ebenso wie auch der englischen Bevölkerung unterstützt werden. Bald schon setzte sich die Bezeichnung „Commandos" für die unkonventionellen Einheiten durch.[4]

Zur Ausbildung der neuen Kräfte wurden in abgelegenen Gebieten der schottischen Highlands Trainingslager errichtet, in denen die Soldaten zusätzlich zu ihrer bisherigen militärischen Ausbildung Überlebenstechniken, Orientierung im Gelände, Nahkampf und leises Töten, Angriffe über Wasser und Felswände, Kampf von Fahrzeugen aus, Verwendung von Feindwaffen sowie Sabotagetechniken lernten.[5]

Die ersten Monate nach Gründung der Commandos waren trotz der Direktive Churchills mit großen Problemen behaftet, die geeignete Ausrüstung für die neuen Truppen zusammenzustellen. Denn Großbritannien befand sich zu diesem Zeitpunkt bereits unter Kriegsbewirtschaftung und große Mengen an Waffen und Gerät waren auf den Stränden von Dünkirchen zurückgelassen worden. Es fehlte an geeigneten Landungsbooten, modernen Waffen und Sprengstoffen sowie vielen weiteren Dingen.[6]

---

4 Vgl. Macksey 1985, S. 4-11

5 Vgl. Macksey 1985, S. 36ff

6 Vgl. National Archives WO 216/39

Bezüglich Spezialwaffen und Sprengmitteln wandte sich die Eliteeinheit bald an die Entwicklungsabteilung und die Fertigungsstätten des Geheimdienstes SOE. Denn die in internen Kreisen bereits als „Churchills Toy Shop“ bekannt gewordene Institution hatte sich den Ruf erworben, auch ausgefallene Wünsche erfüllen zu können. Schon bei ihren ersten Angriffsoperationen gegen die feindlich besetzten Küsten, beispielsweise Operation CLAYMORE gegen deutsche Stellungen auf den norwegischen Lofoten, verwendeten die British Commandos Haftminen und Zeitzünder, die in den SOE Stations IX und XII erdacht und gefertigt worden waren.

Kaum von dem sehr erfolgreichen Einsatz zurückgekehrt, sandten die Commandos einen Einsatzbericht mit Verbesserungsvorschlägen an die Ingenieure des Geheimdienstes, den diese dazu nutzten, ihre Produkte praxistauglicher zu gestalten.[7]

Abb. 8: Commandos bei der Rückkehr von einer erfolgreichen Angriffsoperation. Foto: IWM H 18957

7 Vgl. National Archives HS 2/224

## 3. Weitere Einheiten zur Kleinkriegsführung

Von SOE und Commandos inspiriert, entstanden nach Kriegseintritt Großbritanniens bald weitere zivile und militärische Verbände, die mit Kleinkriegstaktiken den zu diesem Zeitpunkt übermächtig erscheinenden Gegner bekämpften. Auch sie benötigten Kampfmittel, die in den Beständen der britischen Armee zunächst nicht vorhanden waren.

Abb. 9: Eine SAS-Gruppe nach einer dreimonatigen Operation in der nordafrikanischen Wüste, 18 Januar 1943. Foto: IWM E 21337.

So formierte sich im Sommer 1941 um den damaligen Lieutenant Archibald David Stirling der „Special Air Service" (SAS). Die Angehörigen dieser Luftlandetruppe sollten in Nordafrika in kleinen Teams hinter den feindlichen Linien den Gegner durch gezielte Angriffe auf strategische Punkte schwächen. Bald erzielte die Truppe erste Erfolge und zerstörte im Verlauf des Nordafrikafeldzugs mehr als 250 deutsche Flugzeuge am Boden. Darüber hinaus unterbrachen die SAS-Soldaten Bahnlinien und Straßen durch Sprengungen und ließen Dutzende von Nachschublagern des Feindes in Flammen aufgehen.[8]

8 Vgl. Geraghty 1980, S. 4–9

Wie sehr sich die britischen Planungen zur Guerillakriegsführung bis tief in die britische Zivilbevölkerung fortsetzten, zeigt sich an einer hochgeheimen Organisation, die innerhalb der britischen „Home Guard" entstand. Die Home Guard setzte sich aus Zivilisten zusammen, die nach kurzer militärischer Ausbildung als milizähnliche Bürgerwehr die reguläre Armee von Aufgaben wie der Bewachung strategisch wichtiger Objekte oder der Küstensicherung entlasten sollten.[9]

Innerhalb dieser Bürgermiliz organisierte die britische Regierung eine Gruppierung, die speziell auf den Einsatz als spätere Widerstandsbewegung vorbereitet wurde - die sogenannten „Auxiliary Units" oder „Auxunits". Ziel war es, ein Netz von autark agierenden Widerstandszellen zu gestalten, die gleich nach dem deutschen Einmarsch in Aktion treten konnten. Ab September 1940 waren die ersten Auxunits einsatzbereit und bewaffnet, Ende 1941 bestanden bereits rund 600 Gruppen mit insgesamt mehr als 3500 operativen Kräften. In über das ganze Land verteilten geheimen Waffendepots lagen neben Messern und Handfeuerwaffen auch Sprengstoffe zur Bewaffnung dieser Paramilitärs bereit.[10]

Abb. 10: Angehörige der britischen Home Guard trainieren Angriffe mit Molotow-Cocktails auf eine Panzerattrappe. Foto: IWM H 2722

9 Vgl. MacKenzie 1995, S. 11–28

10 Vgl. Lampe 2007, S. 43–56

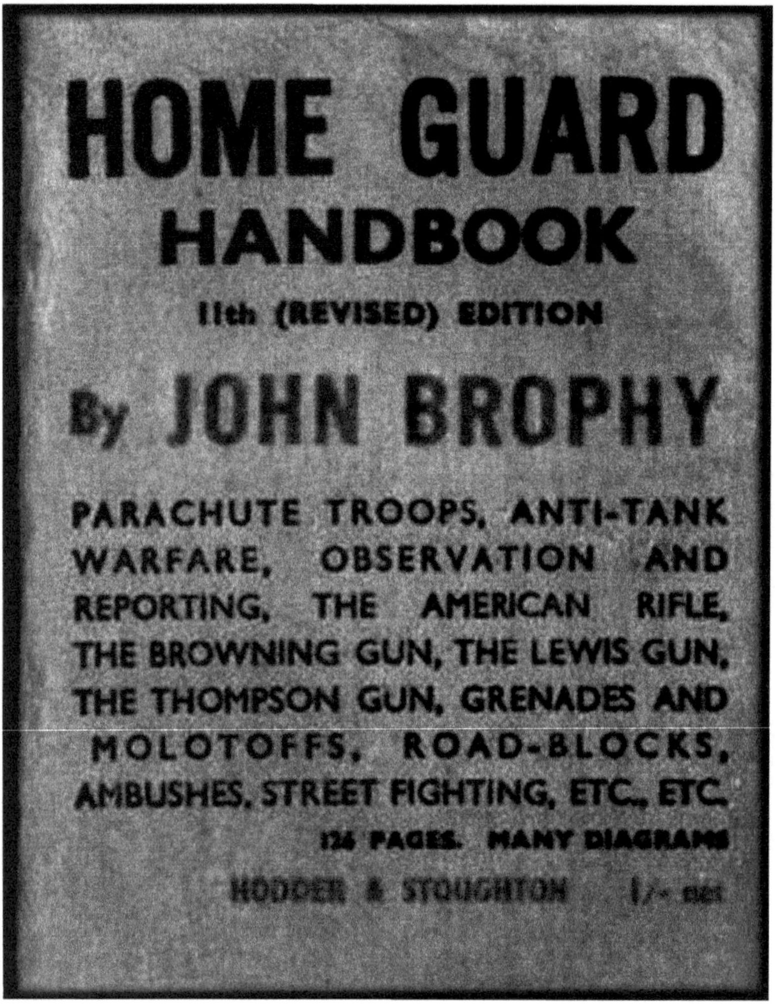


Abb. 11: Zeitgenössisches Handbuch zur Ausbildung von Angehörigen der Home Guard: Auch diejenigen, die nicht in den hochgeheimen Auxunits organisiert waren, trainierten Hinterhalte, Straßenkampf und andere Guerillatechniken.

# Waffen zur verdeckten Kriegsführung

Unter den für Spezialeinheiten und Widerstandsbewegungen bereitgestellten Spezialkampfmitteln hatten sicherlich die verschiedenen Spreng- und Brandmittel, verbunden mit den geeigneten Möglichkeiten zur Fern- oder Zeitzündung, am ehesten Einfluss auf den Gesamtkriegsverlauf. Denn mit ihrer Hilfe war es auch aus der Defensive handelnden Gruppierungen möglich, den überlegenen Gegner an strategisch entscheidenden Stellen zu treffen und dort größtmöglichen Schaden zu erzielen.

## 1. Die Sprengmittel

Die Entwicklung leistungsfähiger und leicht zu handhabender Sprengstoffe hatte bereits vor Beginn des Zweiten Weltkriegs einen entscheidenden Schritt getan. Denn in den 1930er-Jahren hatte der britische Sprengstoffhersteller Nobel Chemicals Ltd seinen plastisch formbaren Sprengstoff Nobel No. 808 entwickelt.

Dieser fand als „Explosive 808" nicht nur Verwendung bei den britischen Streitkräften, sondern auch bei den Agenten der SOE und den von ihnen versorgten Widerständlern. Graf Stauffenberg verwendete am 20. Juli 1944 bei seinem Attentatsversuch auf Adolf Hitler Nobel 808, den die Deutschen in Frankreich erbeutet hatten.

Auf Basis des Nobel-Produkts entwickelten die Briten während des Krieges noch leistungsfähigere RDX-basierte Sprengstoffe, so die „Composition C", „C2", und „C3". Die Verfügbarkeit dieser hochbrisanten Sprengstoffe legte den Grundstein für die erfolgreichen Einsätze britischer Spezialeinheiten und der verbündeten Widerstandskämpfer.

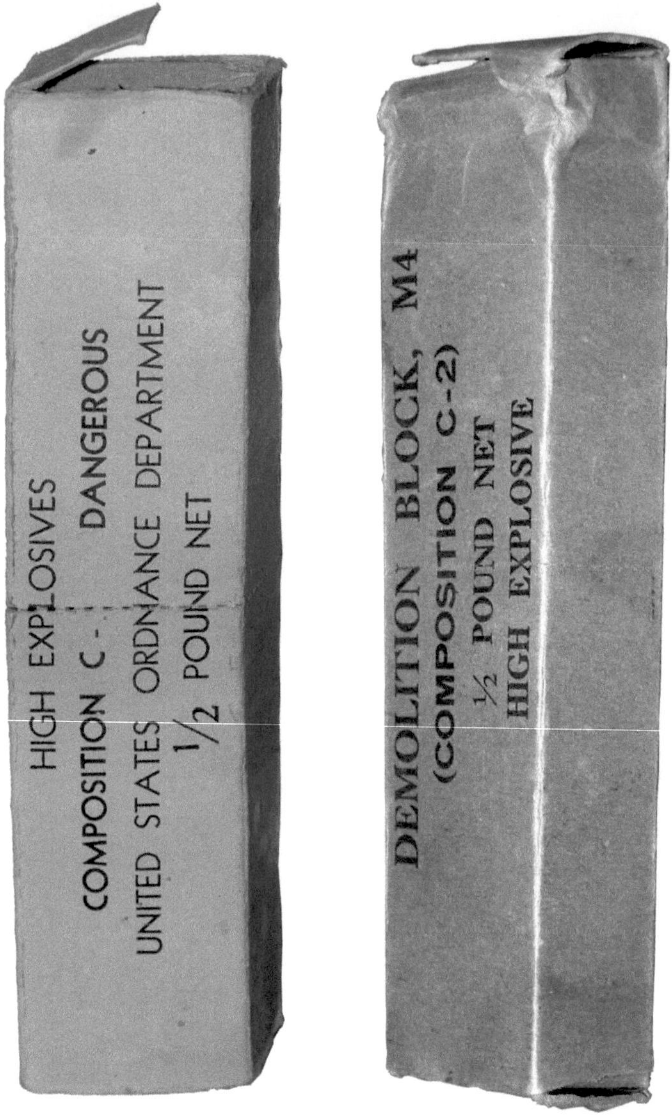


Abb. 12: Zwei Pakete der Plastiksprengstoffe Composition C und C2. Diese beiden Exemplare wurden für die US-Armee hergestellt und als Unterstützung an Großbritannien geliefert.

Abb. 13: Sprengladungen auf TNT-Basis, ebenfalls als „Schützenhilfe“ aus den USA geliefert.

## Anwendungsbeispiele für Standardladungen

Die standardisierten Sprengstoffgebinde („Standard Charges") boten den Verwendern nahezu unendlich viele Anwendungsmöglichkeiten. Mit Zünder, Sprengkapsel und eventuell Primärladung versehen, dienten sie zur Zerstörung von Brücken, Gebäuden und Fahrzeugen. Ebenso entstanden daraus Sprengfallen, Handgranaten oder Minen.

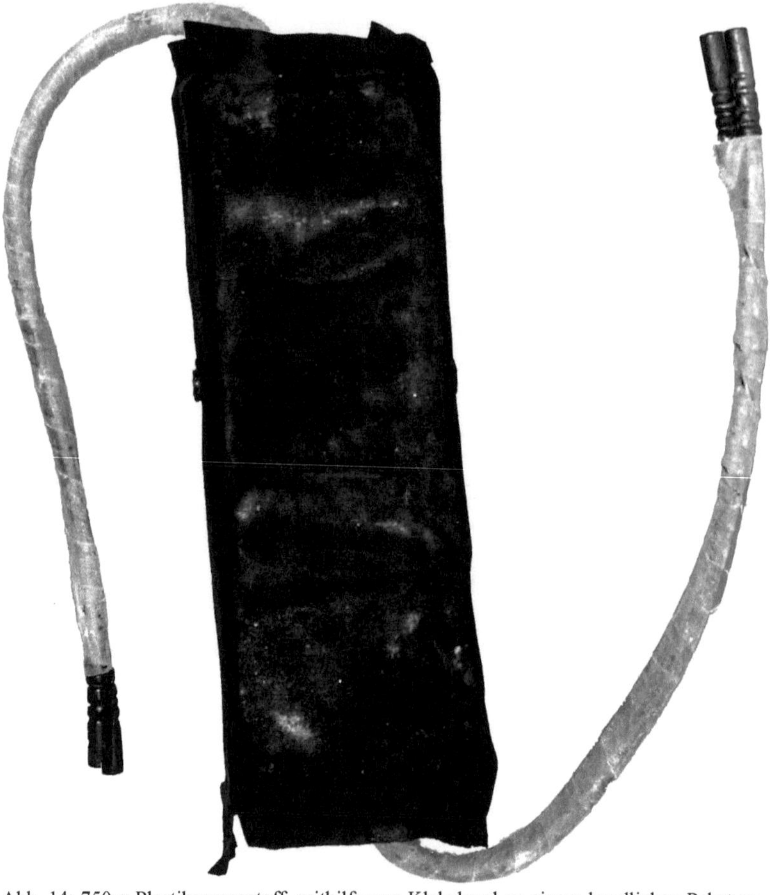

Abb. 14: 750 g Plastiksprengstoff, mithilfe von Klebeband zu einem handlichen Paket zusammengeschnürt. Die zwei Bickford-Zündschnüre wurden an den Enden mit Sprengkapseln versehen. Durch Aufstecken eines Zünders, beispielsweise eines Time Pencils, konnte der Verwender die Ladung sicher und zum gewünschten Zeitpunkt zur Explosion bringen.

Abb. 15: Sprengladung, die SOE-Agenten für ein Attentat hergestellt haben: In einen Benzinkanister mit herausgetrenntem Boden haben sie mehrere Pakete Plastiksprengstoff eingeschoben und diese mit einem Zeitzünder versehen.

**Limpet Magnetic Mine Mark II**

Dieser Urvater aller modernen Haftminen wurde von den Ingenieuren der SOE in erster Linie zum Einsatz gegen See- und Unterwasserziele konzipiert. Sie besteht aus einem rechteckigen wasserdichten Behälter, der mithilfe von sechs Magneten an Stahl- oder Gusseisenflächen befestigt werden kann. Da die Magneten jeweils in Dreiergruppen an Achsen links und rechts des Kastens in Gummibuchsen drehbar gelagert sind, ist die sichere Befestigung auch an gekrümmten Oberflächen, wie sie meist bei Schiffsrümpfen vorliegen, problemlos möglich.

Nach einigen Misserfolgen während der Erprobung gelang es, die Haltekraft der Magnete so weit zu steigern, dass bei einer Erprobung zwei Limpets an einem Schiff haften blieben, das für mehrere Tage bei voller Fahrt in rauer See unterwegs war.

An beiden Stirnseiten wies die Limpet Mine Gewinde zum Anbringen von Zeitzündern auf. Auf der einen Seite fand üblicherweise ein AC-Delay seinen Platz. Dieser war für den Unterwassereinsatz geeignet und auch in kaltem Wasser hinreichend zuverlässig. Auf der anderen Seite kam oft ein „Anti-Disturbance-Switch" zum Einsatz, also ein Zünder, der das Entfernen des Sprengsatzes von seinem Zielobjekt unmöglich machen sollte.

Bis 1945 produzierte Großbritannien rund 56.000 dieser hochwirksamen Minen. Sie wurden üblicherweise leer an die operativen Kräfte ausgegeben, das heißt ohne Sprengstofffüllung und Zünder. Die Anwender füllten das leere Gehäuse mit der nötigen Menge eines geeigneten Sprengstoffs und setzten den oder die Zünder ein, die die Anforderungen des jeweiligen Einsatzziels erfüllten. Die maximale Befüllung lag, abhängig vom verwendeten Sprengstofftyp, bei rund vier Kilo.

Abb. 16: Limpet Magnetic Mine Type 6 Mk II, hier mit eingeschraubtem Zeitzünder „AC-Delay", der speziell für den Unterwassereinsatz entwickelt wurde.

## Sleeping Beauty Charge

In einigen Häfen, wie beispielsweise dem von Gibraltar, entbrannte während des Zweiten Weltkriegs ein regelrechter „Taucherkrieg“ zwischen britischen, italienischen und deutschen Kräften, in dem jede Seite bemüht war, etwaige Sprengsätze des Gegners frühzeitig zu entdecken und zu entfernen. Nicht selten entbrannten unter Wasser Kämpfe, die buchstäblich „bis aufs Messer“ geführt wurden.

Nach den ersten Erfolgen im Kampf gegen vor Anker liegende Schiffe wurden die Operationen von Tauchern, Schwimmern oder Kanuten deshalb zunehmend schwieriger. Denn der Feind war gewarnt und leitete wirksame Gegenmaßnahmen ein. So suchten die Besatzungen die Rümpfe ihrer Schiffe regelmäßig nach anhaftenden Sprengkörpern ab. Auch setzten sie ihrerseits bewaffnete Taucher ein, um ihren Liegeplatz zu bewachen. Daher machten sich die Techniker der SOE daran, ihre Unterwassersprengsätze an die neuen Einsatzrealitäten anzupassen. Ein Versuch war die „Sleeping Beauty“ genannte Ladung, die neben Haftmagneten auch mit einem Schwimm- oder Auftriebskörper versehen war. Da sie durch diesen schwimmfähig war, mussten die Anwender nun nicht mehr bis in unmittelbare Nähe ihres Zielobjektes vordringen, sondern konnten den Sprengsatz von der Strömung gegen das feindliche Schiff treiben lassen.

Abb. 17: Detail der Sleeping Beauty Charge: Die Haftmagnete entsprechen den an der Limpet Mine verwendeten Ausführungen.

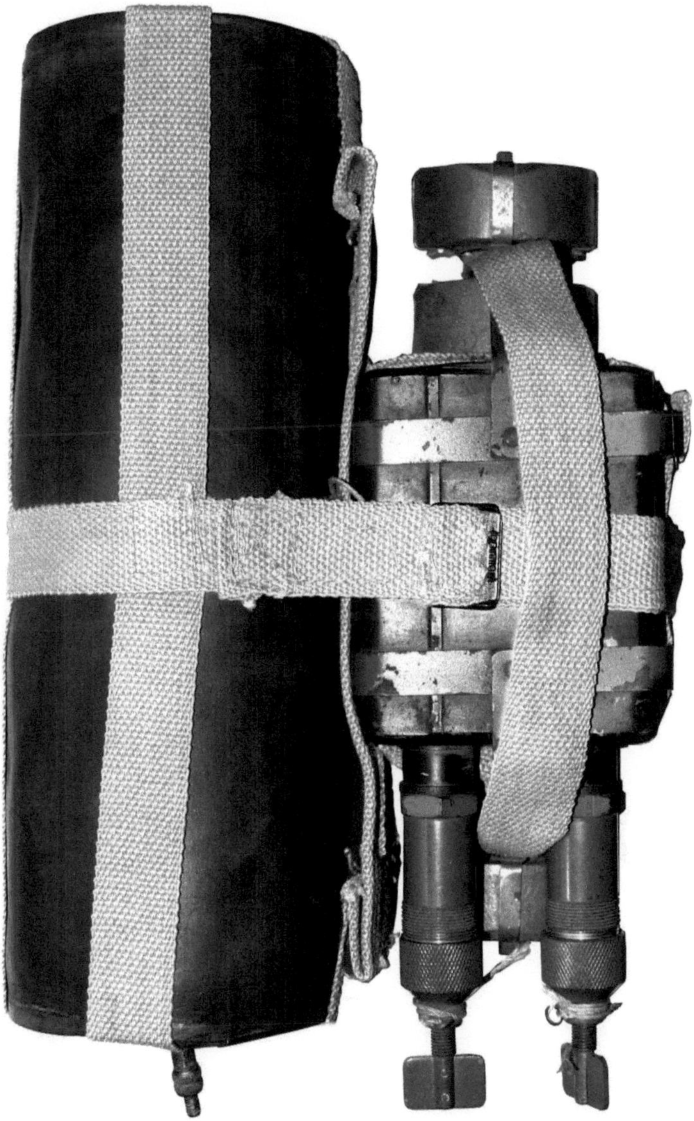

Abb. 18: Die Sleeping Beauty Charge sollte den Einsatzkräften die gefährliche Annäherung an das feindliche Zielobjekt ersparen. Diese Unterwassersprengladung war mit einem Schwimmkörper und Magneten versehen. An der Wasseroberfläche treibend konnte sie sich somit an einem vor Anker liegenden oder fahrenden Schiff anhaften. Auch konnte ein Taucher sie von unterhalb eines Zieles im Wasser aufsteigen lassen.

## Welmine

Das mit der „Sleeping Beauty Charge" verfolgte Ziel, nämlich die direkte Annäherung an ein feindliches Schiff zu vermeiden, führte zur Entwicklung eines Unterwassersprengsatzes, der bereits konstruktive Details eines Torpedos aufwies. Ähnlich wie die gefürchtete Fernwaffe der U-Boote verfügte er nämlich über einen eigenen Antrieb, einen elektrisch betriebenen Propeller, mit dem er aus eigener Kraft Entfernungen bis 250 m zurücklegen konnte. Ein erstes Modell sollte sich bei Erreichen des Schiffes mittels Magneten an den Rumpf anhaften und nach einer am Zeitzünder voreingestellten Zeit detonieren. Das hier abgebildete zweite Versuchsmodell besaß einen Aufschlagzünder und war damit seinem großen Bruder, dem Torpedo, noch ähnlicher. Insgesamt führten die von 1942 bis 1943 andauernden Entwicklungsarbeiten jedoch nicht zum Erfolg, weshalb das Projekt noch vor der Serienreife wieder eingestellt wurde.

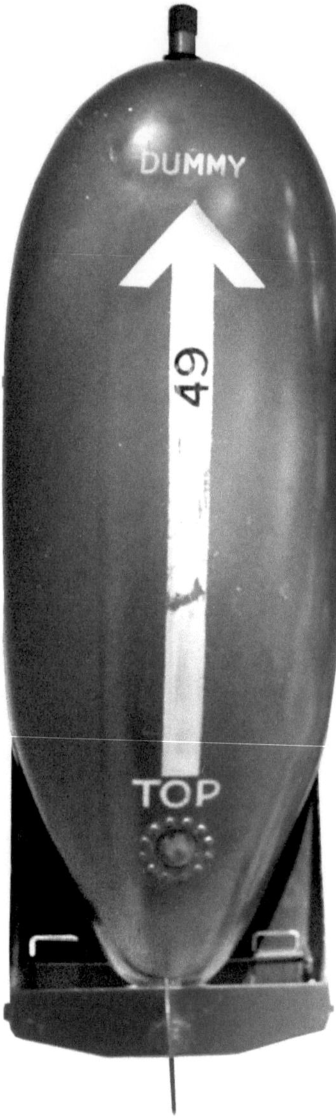


Abb. 19: Versuchsmodell der Welmine: In erster Linie waren es Probleme mit der Richtungsstabilisierung, die die Einführung des Mini-Torpedos verhinderten.

**Clam Magnetic Mine**

Anders als die Limpet Haftmine war die Clam bereits fertig befüllt, wenn sie an die operativen Kräfte ausgegeben wurde. Sie enthielt 250 g Plastiksprengstoff, was ihr hinreichend Sprengkraft verlieh, um gegen Maschinen, Fahrzeuge, Schiffe oder Flugzeuge eingesetzt zu werden.

Entsprechend war sie mit zwei großen Magneten versehen, damit die Anwender den Sprengsatz, gewissermaßen „im Vorbeigehen", an derartigen Zielen befestigen konnten. Das braune Bakelitgehäuse weist eine Öffnung auf, in die ein Time Pencil, L-Delay, Zug-, Druck oder Entlastungszünder eingesetzt werden kann.

Auch durch diese extreme Vielseitigkeit unterscheidet sich die Clam von der Limpet Haftmine, die lediglich mit AC Delay und Anti Removal Fuse versehen werden konnte. Ebenso ist die kleine Schwester der Limpet explizit nicht für Unterwasserziele vorgesehen, was einen weiteren Unterschied ausmacht. Bis 1945 wurden 68.000 Clams hergestellt und zu Tausenden an Elitetruppen, Agenten und den Widerstand ausgegeben.

Abb. 20: Querschnitt einer Clam Magnetic Mine Mk I: Öffnung und Haltefeder für den Zündstift sind gut zu erkennen, ebenso die Ladung zur Initialzündung des Plastiksprengstoffs.

Abb. 21: Clam Magnetic Mine Mk III. Hier ist die Unterseite der Haftmine zu sehen. Zwei Magnete erleichtern das Anbringen an Stahl- und Eisenteilen.

Abb. 22: Obere Seite einer Clam Magnetic Mine Mk I mit eingesetztem Zünder „Time Pencil“ (Switch No. 10).

**Tyreburster**

Im Prinzip eine miniaturisierte Tretmine, diente der nur 5 x 2 cm große Tyreburster zum Zerstören von Fahrzeugreifen. In einer Dose aus dünnem Stahlblech befindet sich ein Ring aus Plastiksprengstoff, der einen Druckzünder umgibt. Setzt der Verwender in ihn eine Sprengkapsel ein, so zündet er ab einem Druck von 75 kg den Sprengsatz.

Wurden mehrere Tyreburster auf einer Straße ausgelegt, so brachten sie ein passierendes Fahrzeug unweigerlich zum Stehen. Die SOE stellte, je nach Einsatzregion, auch passende Attrappen von Pferdeäpfeln, Kameldung oder Maultierkot zur Verfügung, damit der Gegner die ausgelegten Sprengsätze nicht so leicht entdecken konnte.

Abb. 23: SOE-Tyreburster

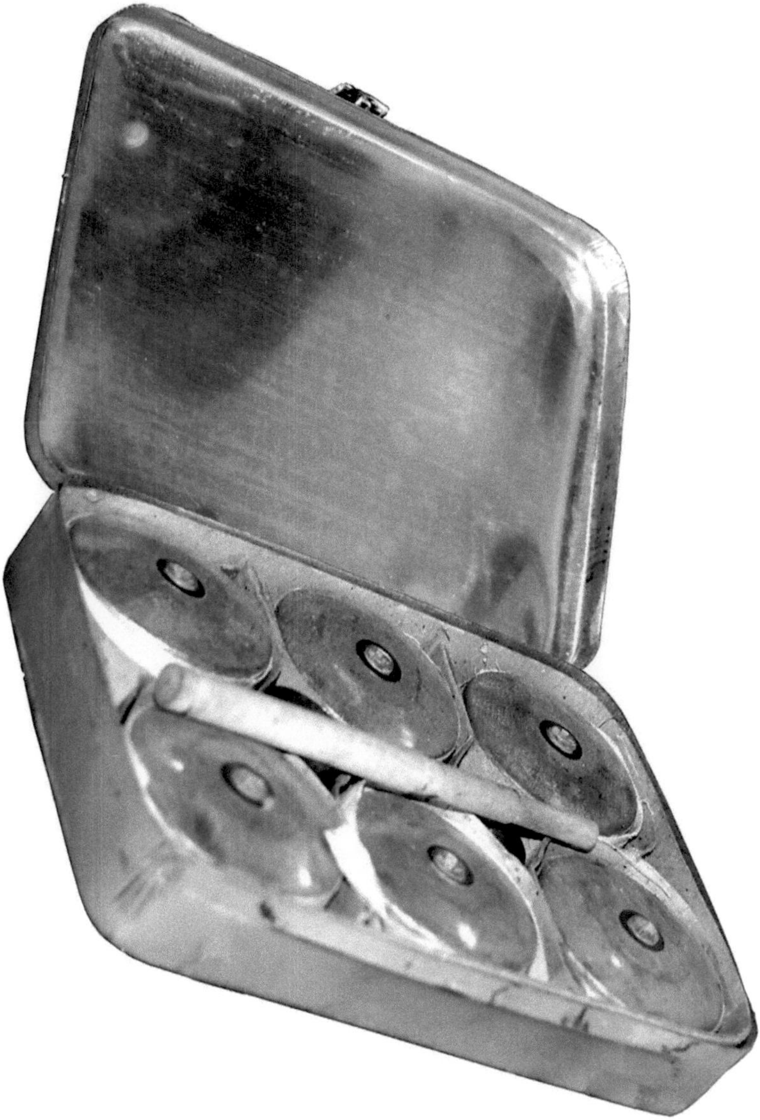

Abb. 24: Sechs Tyreburster in Stahlblechbox. Der beigelegte Holzstab dient zum Einsetzen der Sprengkapsel.

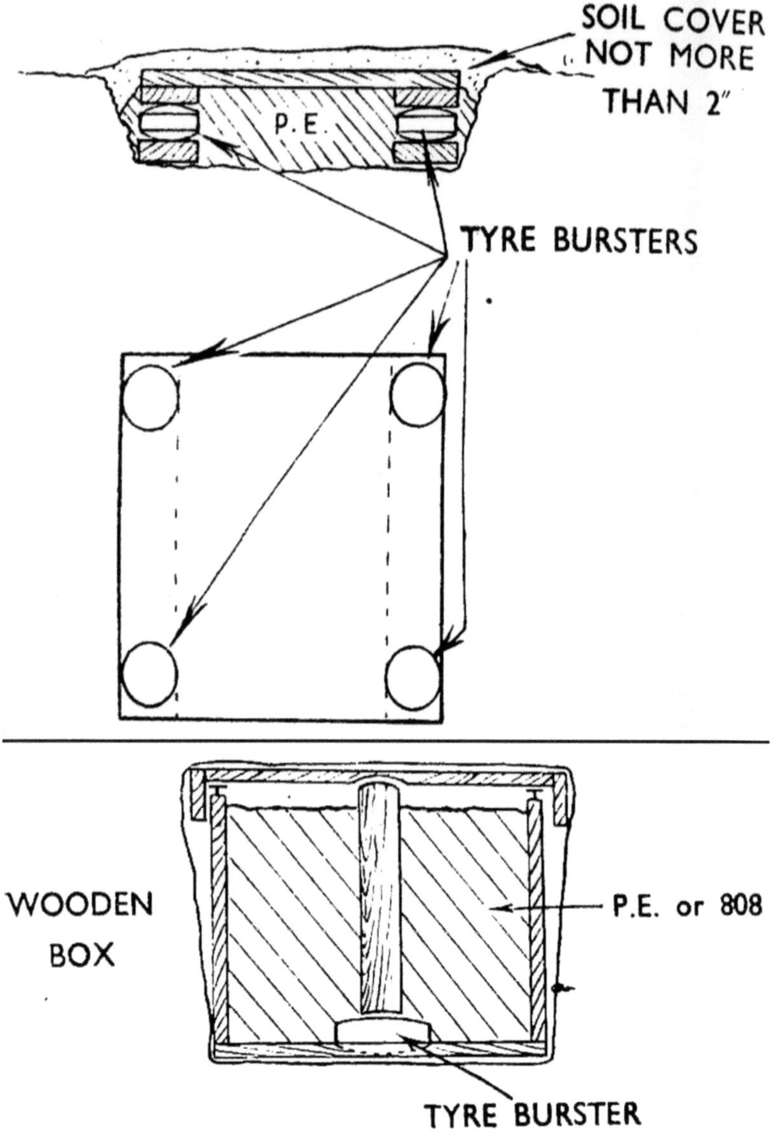


Abb. 25: Tyreburster konnten auch als Initialsprengsatz für improvisierte Minen dienen. Hier zwei verschiedene Möglichkeiten zur Herstellung von gegen Fahrzeuge einzusetzenden Sprengfallen. Quelle: National Archives HS 7/48.

## 2. Die Zünder

Für den erfolgreichen Einsatz der modernen Sprengstoffe auch durch Zivilisten waren zuverlässige und leicht zu bedienende Zündsysteme ein wichtiger Faktor. Entsprechend begannen die Briten schon kurz vor Kriegsbeginn, geeignete Sabotagezünder zu entwerfen und zu testen. Ab 1940 sollten diese frühen Forschungen Früchte tragen.

Die Labors der SOE entwickelten und fertigten eine Vielzahl verschiedener Sprengstoffzünder. Diese und die bei der britischen Armee eingeführten Standardmodelle wurden Agenten, Elitesoldaten und Widerständlern in großer Zahl zur Verfügung gestellt und von diesen sehr effektiv bei ihren Einsätzen verwendet.

### Britische Sprengkapseln, wie von Eliteeinheiten, Geheimdienst und Widerstand verwendet

Abb. 26: Blasting Cap No. 8, Mk VII, Füllung: 2 g Quecksilberfulminat, Nicht elektrische Funktion.

Abb. 27: Blasting Cap No. 27, Mk I, Füllung: 9 g A. S. A. und Tetryl, Nicht elektrische Funktion.

Abb. 28: Blasting Cap No. 33, Mk I, Füllung: 9 g A. S. A. und Tetryl, Elektrische Funktion.

## Primärsprengladungen

Manche der hochbrisanten Sprengstoffe benötigten nicht nur eine Sprengkapsel, sondern auch noch eine Übertragungsladung, um die nötige Energie aufzubringen, die die schwer zu initiierenden Sprengstoffe zur Detonation brachte. Verbreitet waren „Dry Guncotton Mk I und II" auf Basis von Nitrozellulose sowie „C. E." („Composition Exploding, Primer, Field), das den Sprengstoff Tetryl enthielt.

Abb. 29: Vorgeformte Ladungen aus „Composition Exploding, Primer, Field" (Tetryl). Die Initialladungen enthielten die nötige Menge Sprengstoff, um die Hauptladung sicher zur Detonation zu bringen. Gut sichtbar ist das Loch zur Aufnahme der Sprengkapsel.

## Cap, Percussion

Dieser Adapter diente an den meisten britischen Zündern zur Übertragung des Zündimpulses an die Sprengkapsel oder Zündschnur. Der Gewindeteil der Messingtülle enthielt ein Zündhütchen. In die Federtülle konnte der Verwender wahlweise eine Sprengkapsel oder das Ende einer Bickford-Zündschnur einführen. So zündete der Funke des Zündhütchens entweder direkt die Sprengkapsel, oder die Zündschnur, die wiederum zur Übertragung des Impulses diente.

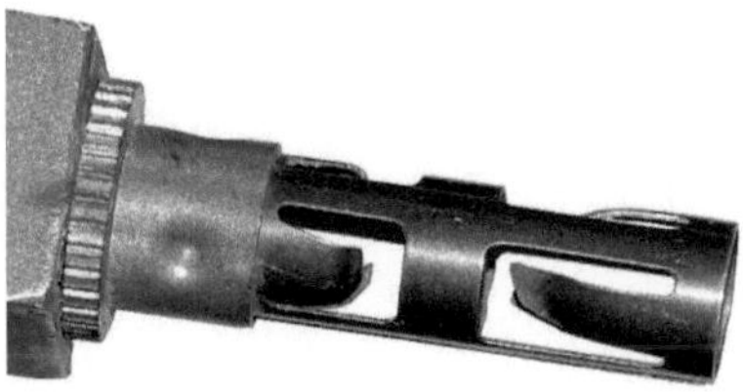

Abb. 30: Adapter eingesetzt in einen Switch No. 6.

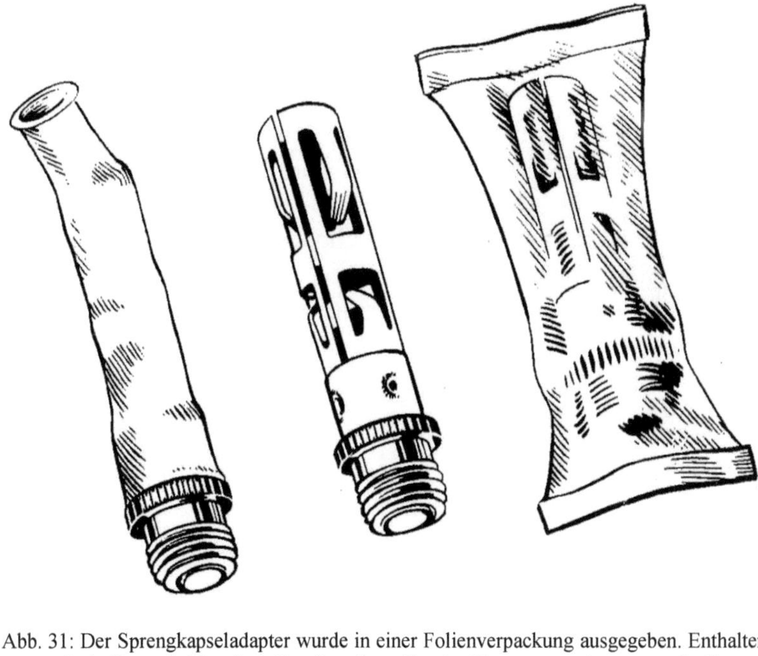

Abb. 31: Der Sprengkapseladapter wurde in einer Folienverpackung ausgegeben. Enthalten war auch ein Gummischlauch als Feuchteschutz. Für den Unterwassereinsatz war das System jedoch nicht geeignet. Quelle: National Archives HS 7/30.

**No. 10 Delay Switch – „Time Pencil"**
Eine der wirksamsten Waffen, die die SOE Agenten und Widerstandskämpfern zur Verfügung stellte, war der unscheinbare No. 10 Delay Switch, ein säurebasierter Zeitzünder. Er enthielt einen unter Federdruck stehenden Schlagbolzen, der von einem Draht zurückgehalten wurde. Neben diesem befand sich eine Glasampulle mit Kupferchlorid-Lösung.

Zerquetschte der Verwender das umgebende Röhrchen aus dünnem Kupferblech mit einer Zange, so zerfraß die ätzende Flüssigkeit langsam den Rückhaltedraht bis dieser den Schlagbolzen freigab.

Dieser schlug dann auf das am unteren Ende befindliche Zündhütchen, das dann wiederum die in die Federtülle geschobene Sprengkapsel zur Detonation brachte. Alternativ konnte der Verwender den Time Pencil auch zur Zündung einer Bickford-Zündschnur nutzen.

Diese vielseitig nutzbaren Zünder wurden mit festgelegten Verzögerungen von 10 Minuten bis 24 Stunden gefertigt. Durch eine Farbcodierung konnte der Verwender die Verzögerungszeit ablesen. Die chemische Reaktion des Säurezünders war jedoch stark von Umgebungstemperatur und Fertigungstoleranzen abhängig, wodurch sich Ungenauigkeiten von einigen Minuten bei den 10 Minuten-Zündern, bis hin zu mehreren Stunden bei den 24 Stunden-Zündern ergaben. Auch Versager waren nicht selten, weshalb die Anwender angehalten wurden, stets zwei aktivierte Time Pencils in einer Sprengladung zu platzieren.

Bis 1945 stellte Großbritannien wohl mehr als 12 Millionen No. 10 Delay Switches her. Die reguläre britische Armee verwendete sie ebenso wie Eliteeinheiten und die Agenten der SOE. Auch die Waffenlieferungen an den Widerstand beinhalteten Tausende dieser kleinen Zeitzünder, was zur Folge hatte, dass sie bei unzähligen Sabotageakten verwendet wurden, bzw. diese zum Teil überhaupt erst ermöglichten.

Auch für Adolf Hitler selbst wäre ein britischer Time Pencil beinahe zum Verhängnis geworden, denn Graf Stauffenberg verwendete bei seinem Attentatsversuch am 20. Juli 1944 nicht nur britischen Plastiksprengstoff, sondern auch einen No. 10 Delay Switch. Die Sprengmittel stammten aus einer für den Widerstand bestimmten Lieferung, die, per Fallschirm abgeworfen, in deutsche Hände gefallen war.

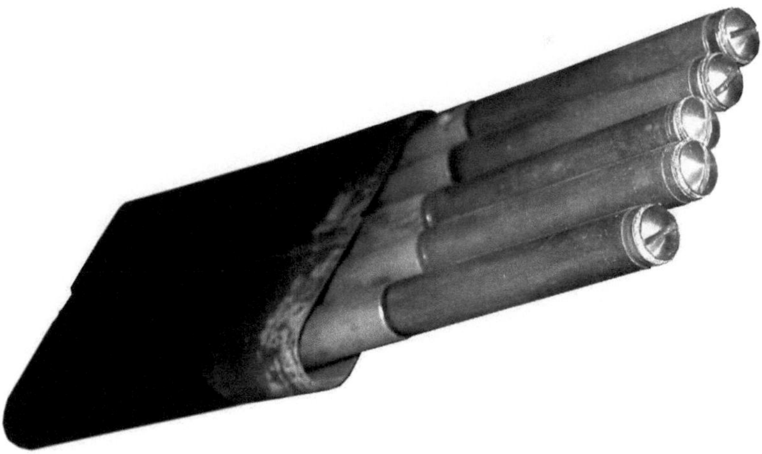

Abb. 32: Fünf Switches No. 10 in einem Transportbehälter. Zu sehen sind die oberen Enden, die die Säureampulle enthalten. Sobald diese zerquetscht wird, ist der Zeitzünder aktiviert.

Abb. 33: Die „Time Pencils“ waren für Sabotageeinsätze sehr gut geeignet: Leicht zu verbergen und zu bedienen bei hinreichender Zuverlässigkeit.

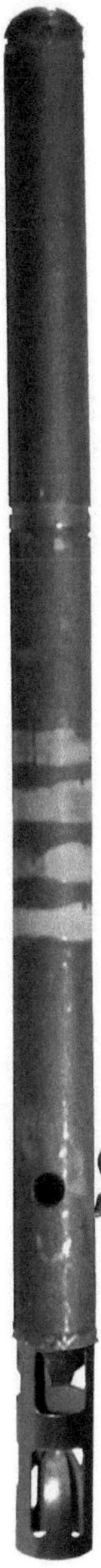

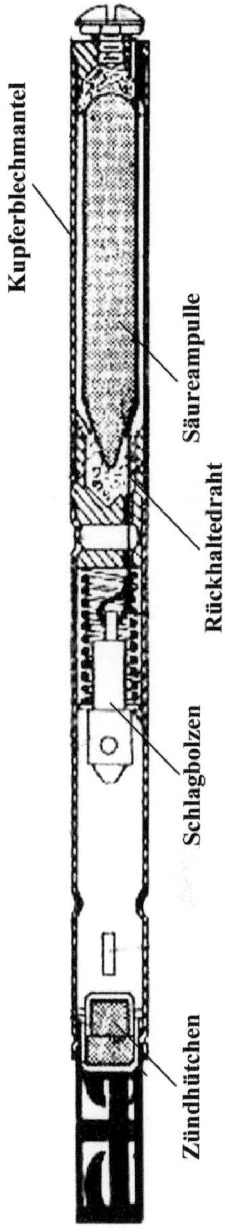


Abb. 34 und 35: Der Switch No. 10 war einfach aufgebaut. Leider konnten Umgebungseinflüsse die chemische Reaktion verzögern oder beschleunigen, woraus Ungenauigkeiten resultierten.

**No. 9 Delay Switch – "L-Delay"**

In ähnlicher Weise wie der bekanntere säurebasierte "Time Pencil" funktionierte der offiziell „Switch, No. 9, L Delay" genannte Zeitzünder, der im Umgangston schlicht „L-Delay" (für „Lead-Delay" = „Bleiverzögerer") genannt wurde. Er war ähnlich aufgebaut wie sein chemisches Gegenstück, jedoch basierte bei ihm die Verzögerungsleistung auf einem rein physikalischen Phänomen. Bei ihm hielt nämlich ein Streifen Blei den Schlagbolzen zurück, der, je nach gewünschter Verzögerungszeit, werksseitig verschieden tief eingekerbt worden war. Zog der Verwender nun den Sicherungsstift heraus, so setzte die Schlagbolzenfeder das Blei unter Zug. Nachdem sich das Blei nun immer weiter dehnte, brach es schließlich und gab den Schlagbolzen frei.

Die physikalische Funktionsweise des L-Delays erlaubte nur vergleichsweise lange Verzögerungszeiten von minimal 1 Stunde bis maximal 28 Tagen. Damit war der No. 9 Delay Switch nicht für jeden Einsatzzweck geeignet. Auch wurde er noch stärker von der Umgebungstemperatur beeinflusst, woraus eine größere Ungenauigkeit resultierte.

Sein unbestreitbarer Vorteil lag jedoch im Einsatz gegen Unterwasserziele, da er weitestgehend Feuchtigkeitsunempfindlich war. Bei dem chemischen No. 10 Delay Switch konnte ins Gehäuse eindringendes Wasser die Säure verdünnen oder im Extremfall sogar auswaschen. Daraus resultierten Ungenauigkeiten in der Zeitverzögerung oder im letzteren Fall sogar das Versagen des Zünders.

Abb. 36: Äußerlich unterscheidet sich das L-Delay nur geringfügig vom Time Pencil.

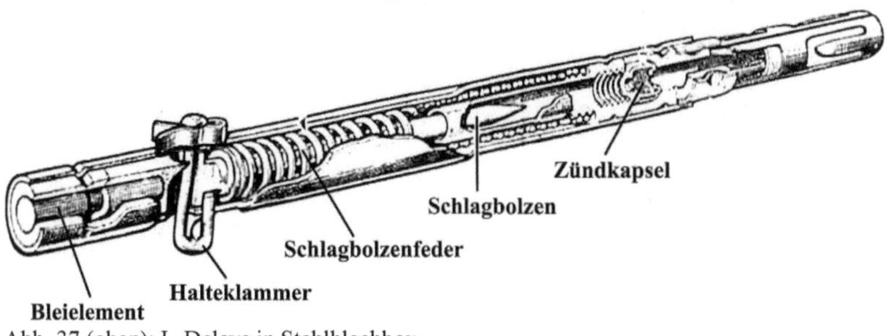


Abb. 37 (oben): L-Delays in Stahlblechbox
Abb. 38 (unten): Der Schnitt macht die Funktionsweise des L-Delays deutlich.

**Fuze, Delay Action, A. C., Mk. 1A (AC Delay)**

Dieser speziell für den Unterwassereinsatz konzipierte Zünder besteht im wesentlichen aus einem zylindrischen Gehäuse von 25 mm Durchmesser und 120 mm Länge. An einem Ende befinden sich zwei Gewinde, das kleinere dient zur Befestigung einer Initialsprengladung, das andere zum Einschrauben in den Hauptsprengsatz, beispielsweise eine Limpet Haftmine. Im Gehäuse befindet sich ein vorgespannter Schlagbolzen, den eine Celluloidscheibe zurückhält. In den oberen Teil setzt der Verwender eine Acetonampulle ein, die er zum Aktivieren des Zünders durch Einschrauben der Flügelschraube zerquetscht. Das Aceton zersetzt dann allmählich die Celluloidscheibe, die zu einem vorbestimmten Zeitpunkt den Schlagbolzen freigibt. Dem Verwender stehen sechs Ampullen mit Acetonlösungen zur Verfügung, deren verschiedene Farben Auslöseverzögerungen zwischen 4 1/2 Stunden und 5 1/2 Tagen markieren.

Abb. 39: AC Delay im Einsatz an Sleeping Beauty Mine.

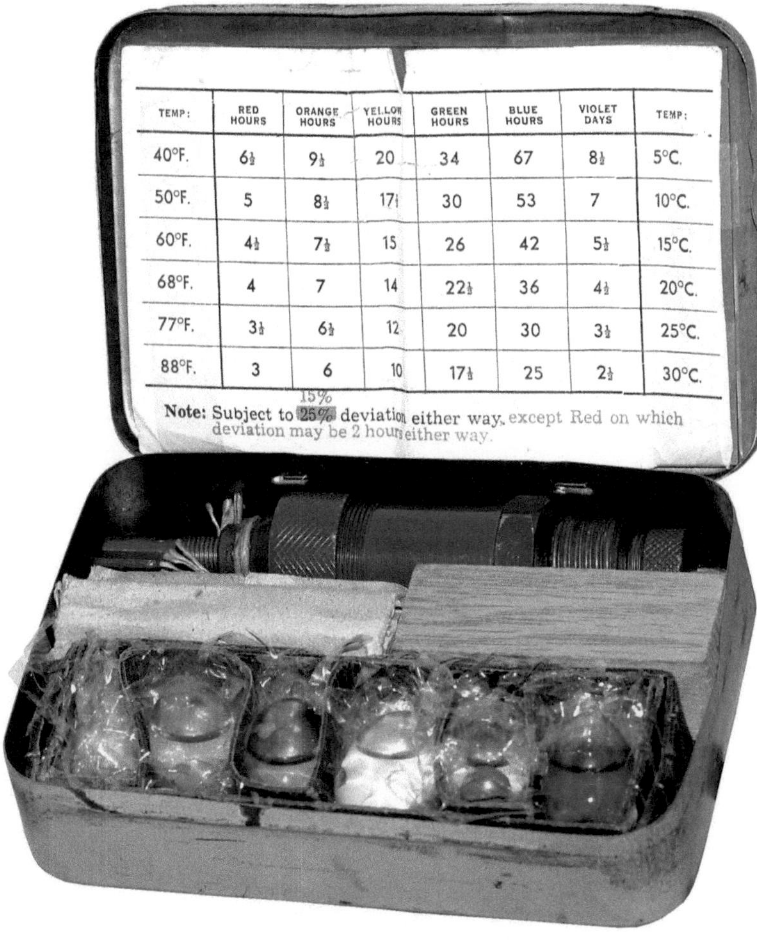


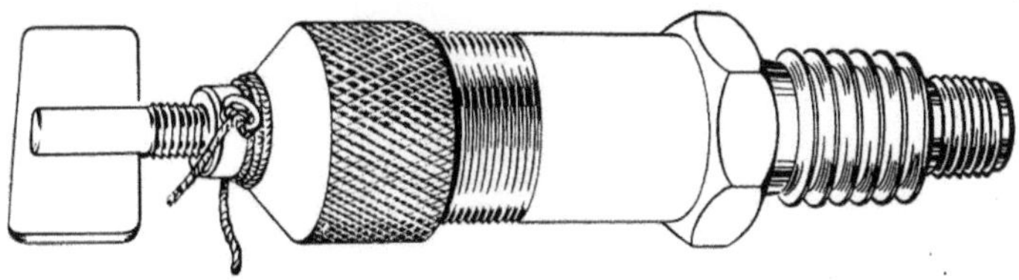

Abb. 40 (oben): AC Delay in Stahlblechbox mit Ampullen für verschiedene Verzögerungszeiten.
Abb. 41 (unten): Die Zeichnung verdeutlicht den Aufbau des AC Delays.

**Igniter, Fuze, Fog Signal, Mk. 1A**

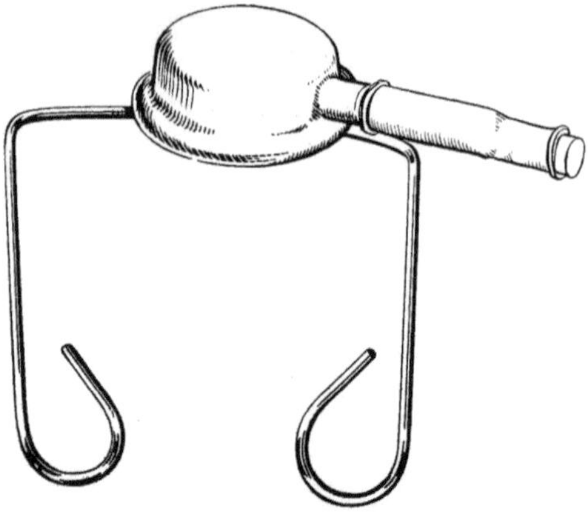

Dieser Zünder zum Einsatz gegen Eisenbahnziele basierte auf einem ursprünglich zivil genutzten Signalgerät. Zerquetschte ein Zug den runden Metallkörper, so löste er damit die Explosion aus.

Abb. 42: Zwei Fog Signal Zünder Mk. 1A zu Demonstrationszwecken suf einem Gleisabschnitt montiert.

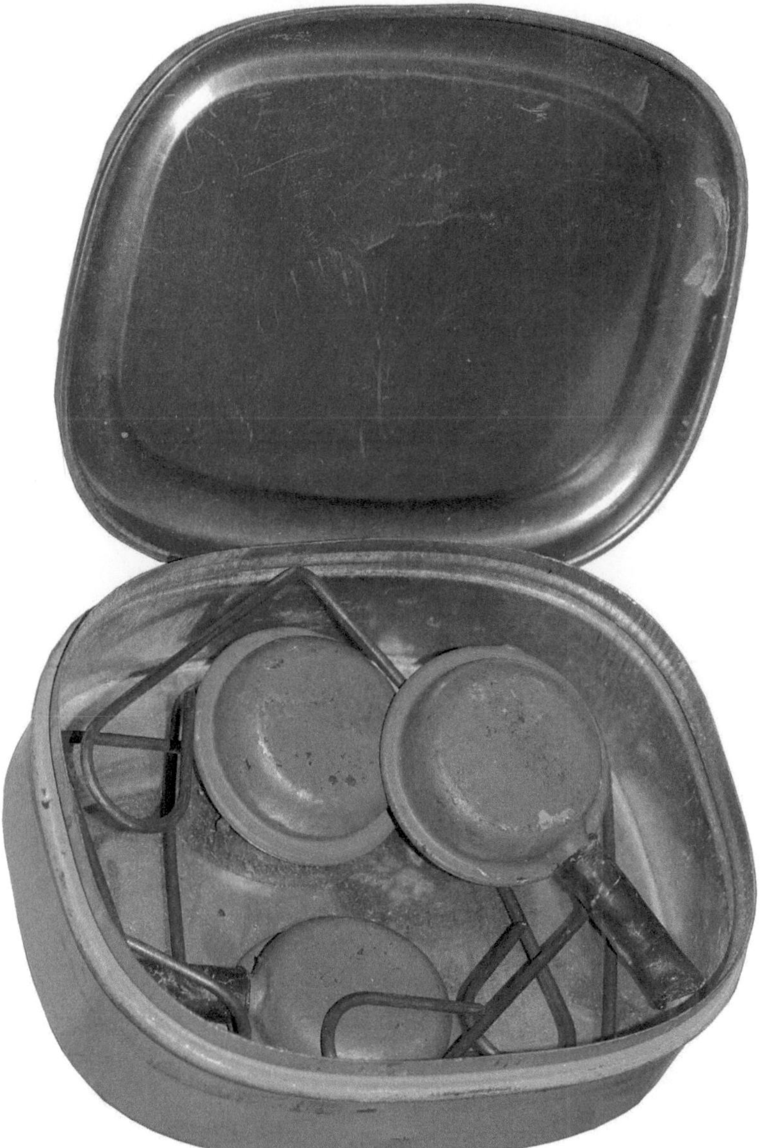

Abb. 43: Zu je drei Stück verpackt in Blechdosen wurden die Fog Signal Zünder ausgegeben. Für eine Sprengfalle wurden meist mehrere Zünder verwendet, um die Sprengladungen auf jeden Fall zum richtigen Zeitpunkt zur Detonation zu bringen.

## Switch No. 6, Release

Dieser Entlastungszünder fand nicht nur bei Geheimdienst und Spezialeinheiten weite Verbreitung. Auch die reguläre britische Armee verwendete ihn zu Tausenden, denn seine Einsatzmöglichkeiten waren vielfältig. In erster Linie war er jedoch zum Aufbau von Sprengfallen vorgesehen. Im Lieferzustand hielt bei heruntergeklapptem Auslösehebel eine Federklinke den vorgespannten Schlagbolzen zurück. Diese war zusätzlich durch einen Splint gesichert. Nach dessen Entfernen und Hochschnappen des Auslösehebels gab die Federklinke den Schlagbolzen frei, der dann auf das Zündhütchen am unteren Ende schlug. Mit diesem Zünder bestückte Sprengladungen wurden unter Gegenständen ausgelegt, bei denen es wahrscheinlich war, dass der Feind sie anhob oder bewegte.

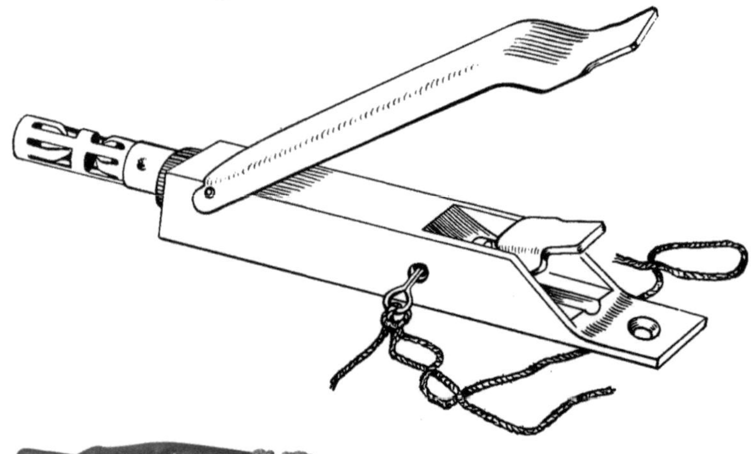

Abb. 44: Switch No. 6, Release, Oben in ausgelöstem Zustand, unten im Lieferzustand mit vorgespanntem Schlagbolzen und eingesetztem Sicherungssplint, dessen Reißleine als zusätzliche Sicherung um den Auslösehebel gewickelt ist.

**Switch No. 5, Pressure**

Der britische Druckzünder No. 5 diente zur Zerstörung von Schienenfahrzeugen. Der Verwender musste ihn im Kies des Bahndammes, direkt unterhalb eines Gleises, montieren. Dabei musste der Kasten des Zünders auf einer festen Unterlage, beispielsweise einem Brett, ruhen, die senkrecht aufragende Auslösestange musste direkten Kontakt mit der Unterseite des Gleises haben. Zog der Verwender den Sicherungssplint heraus, war der Zünder geschärft. Bei Vorbeifahrt eines Zuges bog sich das Gleis aufgrund der Belastung durch und löste damit den Zünder aus. Der bei richtiger Anwendung sehr zuverlässige Switch No. 5 wurde in großen Mengen an Widerstandsgruppen geliefert und allein in Zusammenhang mit der alliierten Landung in der Normandie zu Hunderten für Gleissprengungen eingesetzt.

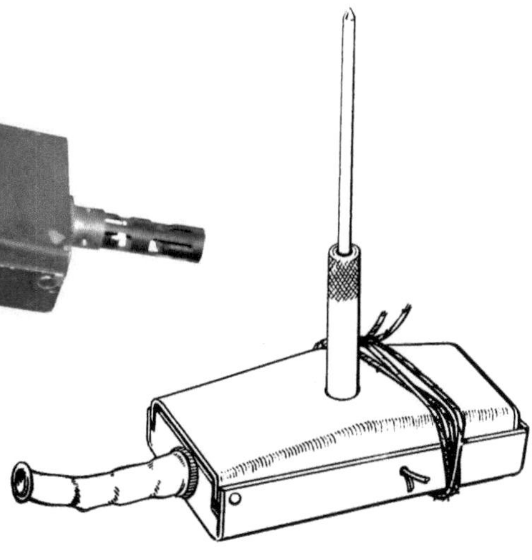

Abb. 45: Switch No. 5, Pressure. Im unteren Bild ist um den Sprengkapselhalter eine Gummimanschette geschoben, um den Anschluss an die Bickford-Zündschnur möglichst feuchtigkeitsresistent zu halten.

## Switch No. 1, Pull

Der Zugzünder No. 1 löst aus, sobald der Sicherungssplint gezogen wird. Damit gehört er zu den am einfachsten aufgebauten Zündern: Er enthält lediglich einen vorgespannten Schlagbolzen, der von einem eingeschobenen Splint zurückgehalten wird. Die zur Auslösung erforderliche Kraft ist vergleichsweise groß, da der Splint mehr als einen Zentimeter gegen den Zug der Schlagbolzenfeder bewegt werden muss..

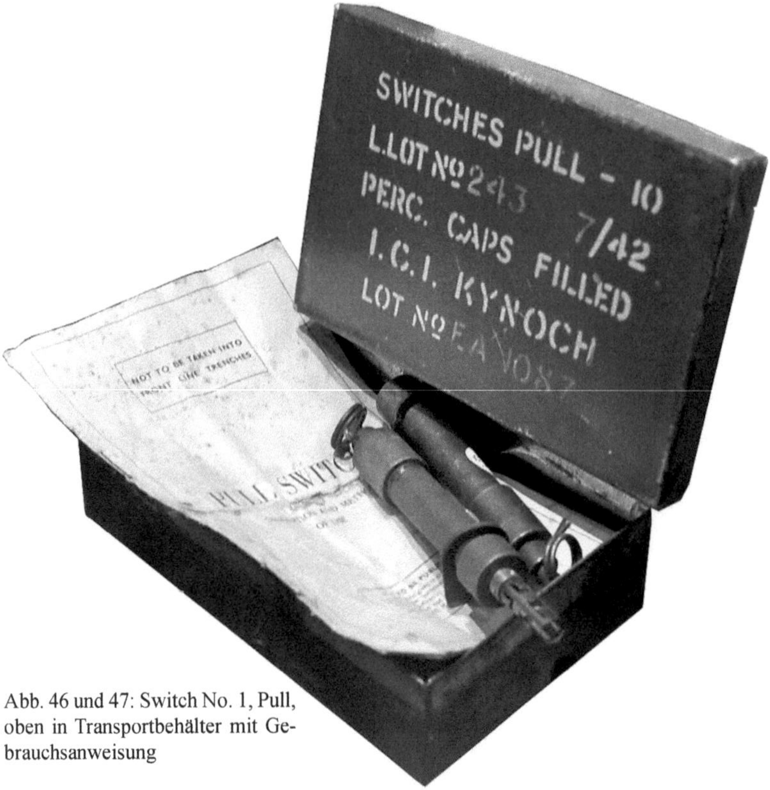


Abb. 46 und 47: Switch No. 1, Pull, oben in Transportbehälter mit Gebrauchsanweisung

**Switch No. 4, Pull**

Beim Switch No. 4 dagegen dient der Sicherungssplint nur als zusätzliche Sicherung, um die Handhabung gefahrloser zu gestalten. Wird er entfernt, so genügt ein leichter Zug in achsialer Richtung an der am hinteren Ende herausstehenden Blechklammer, um die Explosion auszulösen.

Beide Zünder waren in erster Linie zum Bau von Sprengfallen mithilfe eines Stolperdrahtes ausgelegt. In der militärischen Praxis boten sich den Verwendern jedoch geradezu unendlich viele Möglichkeiten. So als Fernzünder mithilfe einer genügend langen Schnur, als Bewegungszünder, wenn mit kurzer Schnur an einem Objekt befestigt, das der Feind berühren könnte oder schlicht zur Zündung einer Bickford-Zündschnur bei Nacht, wenn der Lichtschein eines Streichholzes oder eines Feuerzeugs den Anwender verraten könnte.

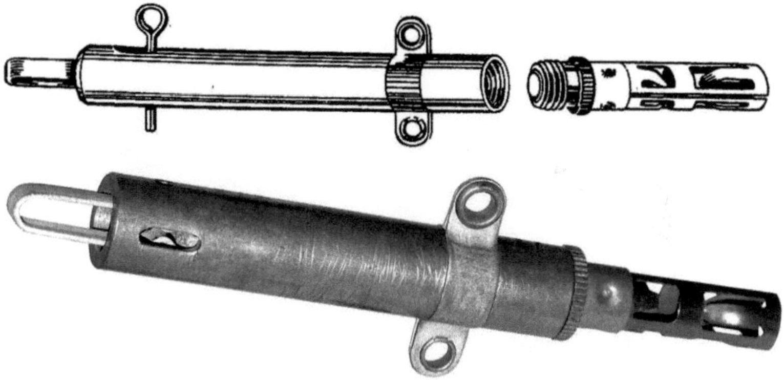

Abb. 48: Switch No. 4, Pull, oben mit abgeschraubtem Sprengkapselhalter. Das bei ihm in achsialer Richtung erforderliche Auszugsmoment machte ihn für viele Anwendungen zum geeigneteren Zünder, da er somit keine Tendenz zum Abknicken bei stärkerer Belastung zeigte.

## 3. Die Brandsätze

Der Möglichkeit, zum richtigen Zeitpunkt unter vergleichsweise geringer Gefährdung Brände legen zu können, maßen die Planer der SOE von Anfang an große Bedeutung bei. Entsprechend groß war die Zahl an verschiedenen Brandsätzen, die sie zur Ausrüstung von Eliteeinheiten, Geheimagenten und Widerständlern entwickeln und herstellen ließen.

### Incendiary Block, Mk I

Dieser kompakte Brandsatz hatte in etwa die Maße eines Ziegelsteins und war für Umgebungen vorgesehen, in denen nicht genug Sauerstoff vorhanden war, um ein Feuer längere Zeit zu unterhalten. Er bestand in der oberen Hälfte aus Wachs, die untere enthielt in einer Kunststoffbox Natriumnitrat. Vorne standen unter einer abreißbaren Kunststoffkappe zwei kurze Enden Bickford-Zündschnur heraus. Zündete der Anwender sie an, so geriet nach kurzer Verzögerungszeit das Wachs in Brand. Beim Verbrennen mischte es sich mit dem Natriumnitrat, das dann den enthaltenen Sauerstoff freisetzte, sodass die Verbindung mit sehr heißer Flamme abbrannte.

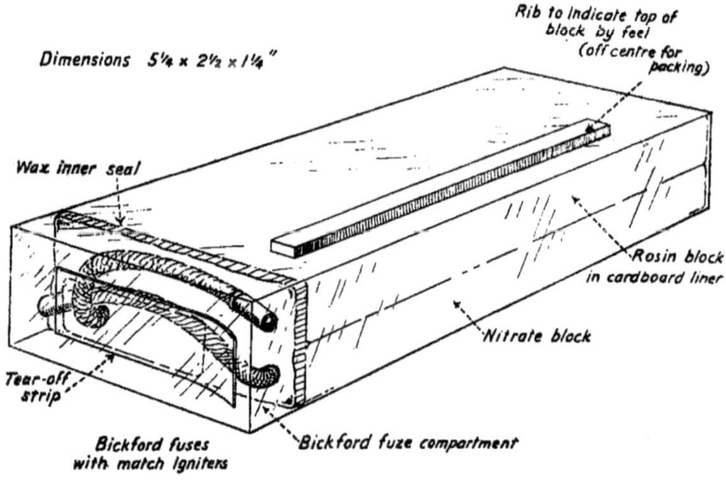


Abb. 49: Incendiary Block, Mk I. Der auf der Oberseite aufgeklebte Stab sollte es auch im Dunklen ermöglichen, den Brandsatz mit der Wachsseite nach oben zu positionieren. Nur so war die einwandfreie Funktion gewährleistet. Quelle: National Archives HS 7/48.

**BRADDOCK Brandsatz**

Der kleinste britische Brandsatz des Zweiten Weltkriegs war so leicht, dass er, an eine Pappkarte mit aufgedruckter Gebrauchsanweisung geheftet, wie ein Flugblatt abgeworfen werden konnte. Er sollte im Rahmen der Operation BRADDOCK hinter den feindlichen Linien verteilt werden, damit Zivilisten, die einen oder mehrere davon fanden, spontan Brände legen und damit ihrer bis dahin geheim gehaltenen Antipathie gegen das Naziregime Luft machen konnten.

Der Brandsatz bestand aus einer dünnwandigen Kunststoffhülle, die mit Petroleumgel gefüllt war. Ein Zeitzünder ermöglichte es dem Anwender, den Tatort vor Ausbruch des Brandes zu verlassen. Die SOE ließ 1944 in nur sechs Monaten rund drei Millionen Stück davon herstellen. Bis Kriegsende wurden jedoch nur etwa 250.000 davon über dem Reichsgebiet abgeworfen. Eine nachweisbare Häufung von ungeklärten Bränden hat es jedoch in den entsprechenden Gebieten nicht gegeben.

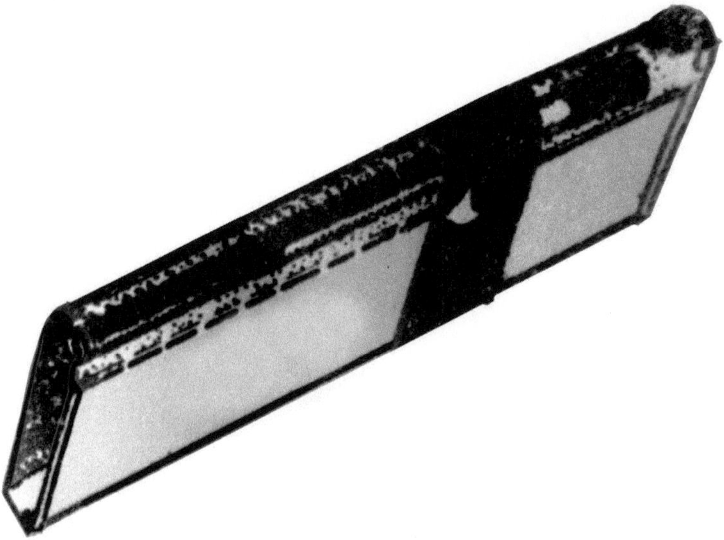

Abb. 50: Der BRADDOCK Brandsatz war der mit Abstand meistproduzierte seiner Art. Er kam jedoch nur in geringem Maße zum Einsatz. Quelle: National Archives HS 6/718.

## Incendiary, Pocket, Time, Mk IIB

Ein nur unwesentlich größerer Taschenbrandsatz war mit einem Zeitzünder ähnlich dem des Time-Pencils ausgestattet. Um ihn zu aktivieren, musste der Anwender aus der Nut an der Oberseite des Kunststoffgehäuses einen Holzstab entfernen. Dann konnte er mit einer Münze die darunterliegende Säureampulle zerquetschen, um den Mechanismus zu aktivieren.

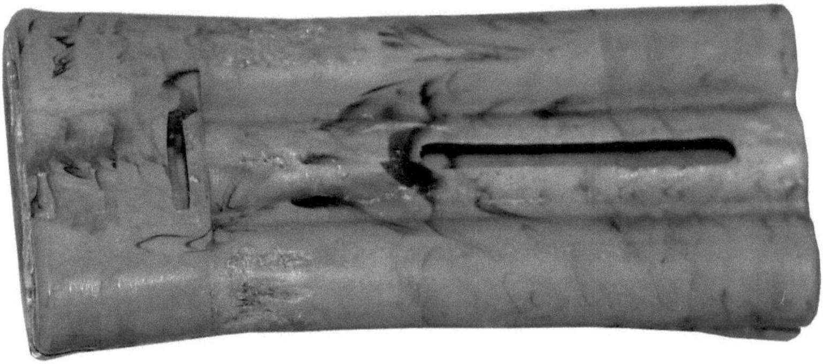

Abb. 51: Incendiary, Pocket, Time, Mk IIB. Das mittlere der drei zylindrischen Fächer enthält den Zünder, die beiden äußeren eine Brandmischung, die, ähnlich wie eine Signalfackel, mit hell lodernder Flamme abbrennt.

## Tyesule

Ungefähr die Größe eines gefüllten Kondoms hatte diese Gelatinekapsel, die ein Petroleum-Paraffin-Gemisch enthielt. Die Verjüngung am vorderen Ende enthält die Zündmasse, die an Streichholzköpfen verwendet wird. Streicht man es an einer Reibefläche entlang, so fängt sie Feuer und entzündet den Brandsatz.

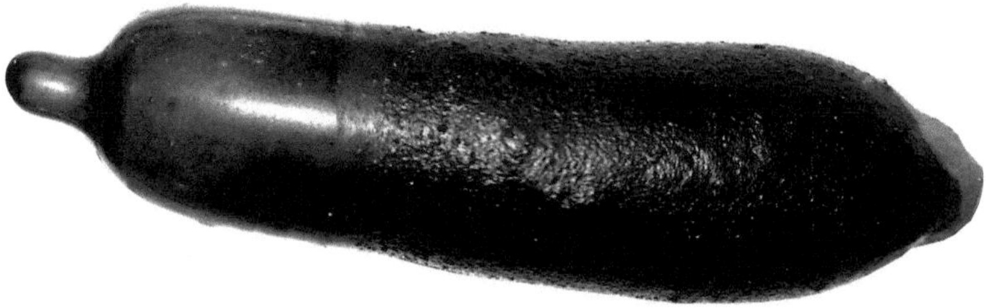

Abb. 52: Die Tyesule-Brandkapsel wurde ähnlich wie ein Molotov-Cocktail verwendet.

**Incendiary, Thermit, 2 ½ lbs**

Besonders für Sabotageaktionen in Industriebetrieben stellte die SOE ihren operativen Kräften diesen Thermitbrandsatz zur Verfügung. Thermit besteht aus Eisenoxid und Aluminiumpuder und wird im zivilen Bereich unter anderem für spezielle Schweißanwendungen benötigt.

Entsprechend entwickelte der Thermitbrandsatz beim Verbrennen Temperaturen von bis zu 2.400° C – genug, um sich durch die Stahlblechwand eines Tanks oder Gasbehälters zu schmelzen. In Raffinerien oder Treibstofflagern konnten Agenten oder Widerstandskämpfer damit verheerende Großfeuer entfachen.

Abb. 53: Der Thermit-Brandsatz mit geöffnetem Deckel: Darunter sind zwei kurze Stücke Bickford-Zündschnur zu erkennen. Nach dem Anzünden bleiben dem Anwender einige Minuten, um den Tatort zu verlassen.

## 4. Die Handgranaten

Die britischen Spezialkräfte verwendeten im Zweiten Weltkrieg größtenteils die gleichen Handgranaten, die auch die regulären Streitkräfte nutzten. Lediglich für besondere Aufgaben entwickelte die SOE eigene Modelle.

### Grenade No. 36 „Mills Bomb“

Bereits 1915 hatte die britische Armee die „Mills Bomb“ als Standard eingeführt, zu dieser Zeit noch als „Grenade No. 5“. In den folgenden Jahrzehnten bewährte sich diese prototypische Handgranate bestens. Sie wurde mehrfach geringfügig modifiziert und ab 1932 als „Grenade No. 36“ geführt. Die Verzögerungszeit ihres Zünders betrug 4 Sekunden, die Reichweite ihres Schrapnells lag bei über 30 m.

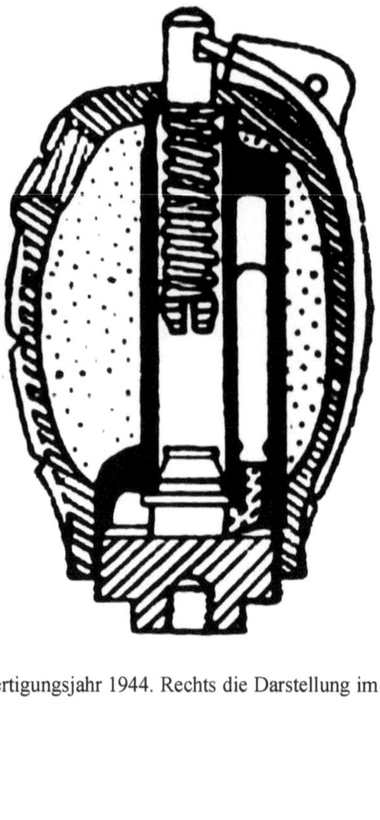

Abb. 54 und 55: links die Grenade No. 36, Fertigungsjahr 1944. Rechts die Darstellung im Schnitt zur Verdeutlichung der Funktion.

## Grenade No. 69

War die „Mills Bomb" aufgrund ihres großen tödlichen Radius für die Verteidigung ausgelegt, so diente die im August 1942 eingeführte „Grenade No. 69" hauptsächlich dem Angriff. Sie unterschied sich von ihrer defensiven Schwester in erster Linie durch das Gehäuse, das aus Bakelit statt Gusseisen bestand und kaum tödliche Splitter bildete. Bei ihr machte die Druckwelle der Detonation die Hauptwirkung aus. Auch ihr Zünder unterschied sich von der Mills Bomb: Sie war mit der „Always-Fuse" ausgestattet, einem Aufschlagzünder, der sich erst beim Wurf schärfte.

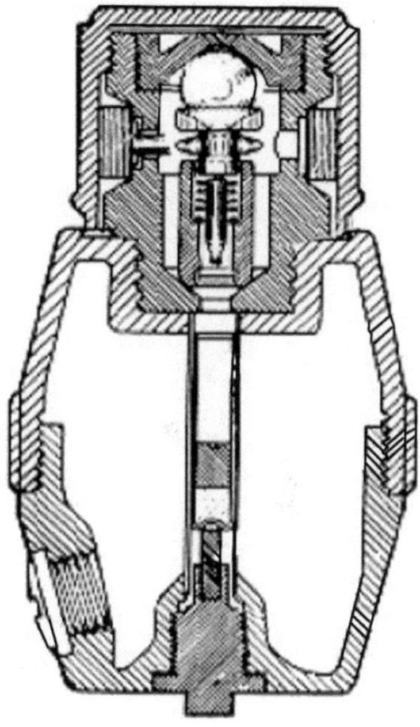

Abb. 56 und 57: Grenade No. 69, links ebenfalls Fertigungsjahr 1944, rechts die Schnittzeichnung.

## No. 73 Grenade

Ende 1940 wurde diese Handgranate als Waffe gegen gepanzerte Fahrzeuge eingeführt. Der bald mit dem Spitznamen „Thermos" („Thermoskanne") versehene Sprengkörper sollte durch seine Sprengkraft und nicht durch Schrapnell wirken, weshalb sein Gehäuse lediglich aus dünnem Stahlblech gefertigt war.

Abb. 58: No. 73 Grenade

Die Zündung erfolgte durch den „All-ways" Aufschlagzünder. Der mit rund zwei Kilogramm für eine Handgranate recht schwere Wurfkörper enthielt rund 1,6 Kilogramm Gelatinedynamit oder Nitrogelatine. Damit konnte der Verwender auch leichte Kampfpanzer wirksam bekämpfen. Platzierte er die Granate an den Gleisketten der Fahrzeuge, so konnte er damit auch schwer gepanzerte Modelle außer Gefecht setzen.

Nach nur einem Jahr kamen die Verantwortlichen jedoch zur Einsicht, dass eine Handgranate mit derartigem Gewicht und Aufschlagzünder für den Verwender zu gefährlich war und zogen sie wieder zurück. Ab 1943 kam sie wieder in Gebrauch, jedoch mit der Maßgabe, bevorzugt den Zünder zu entfernen und sie, ähnlich wie die No. 75 „Hawkins" Grenade, als kompakte Sprengladung zu verwenden.

In modifizerter Form fand die No. 73 Grenade Verwendung bei der SOE-Operation „ANTHROPOID", der Ermordung Reinhard Heydrichs, des sogenannten „Reichsprotektors von Böhmen und Mähren". Einer der tschechischen SOE-Agenten warf eine dieser Handgranaten, deren Ladung er zuvor halbiert hatte, gegen das Fahrzeug des Top-Nazis.

Abb. 59: Modifizierte No. 73 Grenade, die tschechische SOE Agenten für die Liquidierung von Reinhard Heydrich verwendeten. Sie haben den unteren Teil des Sprengkörpers abgeschnitten und den verbleibenden Rest der Füllung mit Stoff und Klebeband fixiert.

Diese Modifikation hatte er vorgenommen, da er wusste, dass seine Zielperson maximal in einem gepanzerten Pkw, nicht aber in einem Kampfpanzer unterwegs sein würde. Außerdem musste er den Sprengkörper aus nächster Nähe gegen das Fahrzeug werfen, somit hätte bei voller Ladung zu große Verletzungsgefahr für ihn bestanden.

Interessanterweise fand der Einsatz am 27. Mai 1942 statt, zu einem Zeitpunkt also, an dem die Granate gar nicht offiziell ausgegeben wurde. Die Erfahrungen mit der eigens für den Einsatzzweck abgemessenen Ladung mag zur Entwicklung einer besonderen Handgranate geführt haben.

Abb. 60: Da die Agenten nicht von vornherein wissen konnten, in was für einem Wagen Heydrich unterwegs sein würde, legten sie den Sprengsatz für gepanzerte Fahrzeuge aus. Entsprechend die Schäden an seinem ungepanzerten Kabriolett.

Abb. 61: Heydrichs schwer beschädigter Mercedes am Ort des Attentats. Letzendlich waren es Splitter der Explosion, die zum Tod des Top-Nazis führten.

**No. 82 Grenade - Gammon Bomb**

Die bei Operationen wie dem Heydrich-Attentat gemachten Erfahrungen mögen zur Einführung der No. 82 Grenade geführt haben. Diese zeichnete sich dadurch aus, dass sie ohne Sprengstofffüllung an die Einsatzkräfte ausgegeben wurde. Sie bestand im Wesentlichen aus einem leeren Stoffsäckchen, das mit dem Aufschlagzünder No. 247 „All-ways" versehen war, der auch an den Handgranaten No. 69 und 73 sowie der „GP"-Granate zu finden war.

Die Granate No. 82, nach ihrem Erfinder Captain R. S. Gammon auch „Gammon Bomb" genannt, sollte je nach geplantem Einsatzzweck von ihrem jeweiligen Verwender mit Sprengmitteln gefüllt werden. Dies könnte bei der Bekämpfung von Personenzielen eine Füllung aus Sprengstoff und Schrapnellstücken wie Kies oder Stahlschrott bedeuten. Gepanzerte Ziele erforderten dagegen eine Ladung mit hochbri-

Abb. 62: Die Grenade No. 82 nach Befüllen mit Sprengstoff: Der Verwender konnte die Ladung ganz auf das potenzielle Ziel abstimmen.

santem Sprengstoff, beispielsweise dem Plastiksprengstoff C4.
Die Gammon Granate fand hauptsächlich Verwendung bei Spezialeinheiten, da ihr Einsatz Fachwissen erforderte. Durch ihr breites Leistungsspektrum war sie jedoch für die Agenten der SOE bei vielen Einsätzen eine willkommene Möglichkeit zur Improvisation.

**G. P. Grenade (Prototyp)**
Die Einsatzerfahrungen ihrer operativen Kräfte zeigten den Planern der SOE, dass diese nicht nur eine Handgranate mit variabler Sprengladung benötigten. Versorgungsengpässe und andere Erschwernisse sorgten nämlich oft dafür, dass Widerständler oder Agenten Handgranaten für allgemeine Sprengaufgaben heranziehen mussten. Das konnte bedeuten, dass sie größere Sprengladungen mangels geeigneter Primärladungen mithilfe der eigentlich zum Wurf vorgesehenen Granaten zur Zündung bringen mussten. Auch improvisierte Sprengfallen konstruierten sie häufig mangels anderer Sprengmaterialen aus Handgranaten.

Deshalb erdachten die Ingenieure der SOE im Verlauf des Jahres 1944 einen kompakten Universalsprengsatz, der sich sowohl als Handgranate, als auch in Verbindung mit sämtlichen zu dieser Zeit gebräuchlichen britischen Zündern verwenden ließ. Sein Gehäuse war, im Gegensatz zu den sonst eher runden oder ovalen Formen der Handgranaten, von rechteckigem Querschnitt. Dies erleichterte es, mehrere dieser Sprengkörper zu einer größeren Ladung zusammenzufassen. Die Füllung bestand aus 500 g Plastiksprengstoff. Somit genügten bereits zwei Exemplare, um ein Eisenbahngleis sicher zu durchtrennen. Eine dieser Granaten konnte ein etwa faustgroßes Loch in eine rund 75 mm starke Stahlplatte reißen.

Die bald „G. P." („General Purpose" = „Allgemeine Verwendung") genannte Granate war ab Werk mit einer No.247 „All-ways" fuze ausgestattet. Zugleich wies sie jedoch einen Anschluss für alle gängigen britischen Zünder auf. Somit war der kleine Universalsprengkörper für viele verschiedene Sprengaufgaben verwendbar.

Mit ihren Abmessungen von nur rund 11 x 4,8 x 5,7 cm ließ sich die G. P. Grenade problemlos verbergen und notfalls sogar in der Hosentasche transportieren. Somit war sie für die in Zivilkleidung agierenden Agenten und Widerständler sehr gut zu verwenden.

Erste Vorserienexemplare der G. P. Grenade wurden ab der zweiten Hälfte des Jahres 1944 an Einsatzkräfte ausgegeben. Ihre offizielle Einführung wurde jedoch durch das baldige Kriegsende verhindert.

Abb. 63: G. P. Grenade. Der Zünder No. 274 ist zur Verdeutlichung seiner Funktion aufgeschnitten.

## No.247 All-Ways Fuze

Der an vielen britischen Handgranaten dieser Zeit verwendete Aufschlagzünder schärfte sich erst beim Wurf durch die Drehbewegung der Granate. Nach Abschrauben der Schutzkappe hielt der Verwender zunächst ein am Ende mit einem Bleigewicht versehenes Stoffband, das um den Kopf des Zünders gewickelt war, mit Daumen und Zeigefinger am Platz. Nach Loslassen des Sprengkörpers wickelte sich das Band in mehreren Windungen ab und zog dadurch einen sehr locker sitzenden Sicherungssplint heraus. Nun war der Zünder scharf und detonierte bei der geringsten Erschütterung.

Abb. 64: No.247 All-Ways Fuze als Schnittmodell: Links sind die zwei übereinanderliegenden Wicklungen des Stoffbandes zu erkennen. Auf gleicher Höhe rechts das angeschnittene Bleigewicht.

**Grenade, Hand, Anti-tank, No. 75**
Der nach seinem Entwickler auch „Hawkins Grenade" genannte Sprengsatz entstand kurz nach der Evakuierung der britischen Expeditionstruppen aus Dünkirchen im Jahr 1940, als die deutsche Invasion der Insel kurz bevorzustehen schien. Die britische Armee und Home Guard besaßen nahezu keine Panzerabwehrwaffen, mit denen sie den erwarteten Ansturm von Hitlers motorisierten Verbänden hätten stoppen können. Aus der Not heraus ging die panzerbrechende Handgranate No. 75 umgehend in Massenproduktion. Die einfach aufgebaute Waffe besteht aus einem Blechkanister, der mit rund 450 g Ammonal oder TNT gefüllt ist. An der einen Flachseite ist eine Blechtülle angelötet, in die ein einfacher Druckzünder eingeschoben werden kann. Er besteht aus einer gekürzten britischen Sprengkapsel No. 27 sowie zwei Glasampullen, eine gefüllt mit Schwefelsäure, die andere mit einem Gemisch aus Zucker und Kaliumchlorat. Beim Zerquetschen der Ampullen, beispielsweise durch eine Panzerkette, bringt die Schwefelsäure die Kaliumchloratmischung zur Explosion, die wiederum die Sprengkapsel und damit die Granate zündet.

Neben diesem Druckzünder, der den Sprengkörper No. 75 zu einer wirkungsvollen Waffe in der Panzernahbekämpfung macht, waren auch Möglichkeiten zur Verwendung von vielen anderen in diesem Buch beschriebenen Zündern vorgesehen. Somit wurde die Granate zu einem panzerbrechenden Universalsprengsatz, dem auch in britischen Pionierhandbüchern viele andere Ziele als Panzer zugedacht wurden.

Bis 1945 wurden mehr als 11 Millionen Exemplare der Grenade No. 75 gefertigt und zu Tausenden an Armee, Home Guard und Spezialeinheiten ausgegeben. Die SOE rüstete damit ihre eigenen Agenten wie auch den Widerstand in großen Mengen aus.

Abb. 65: Grenade, Hand, Anti-tank, No. 75 – Ein hochwirksamer Universalsprengsatz.

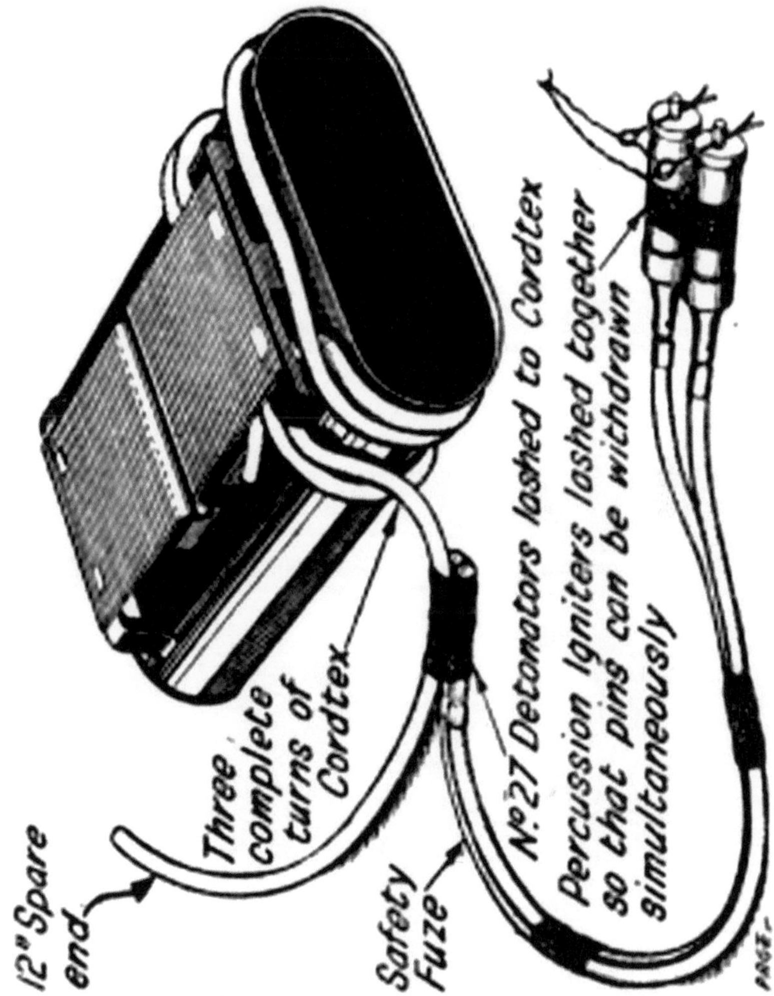


Abb. 66: No. 75 Grenade vorbereitet als Universalsprengsatz. Quelle: „Field Engeneering, Military Training Pamphlet No. 30, Part VI: Demolitions“ (War Office)

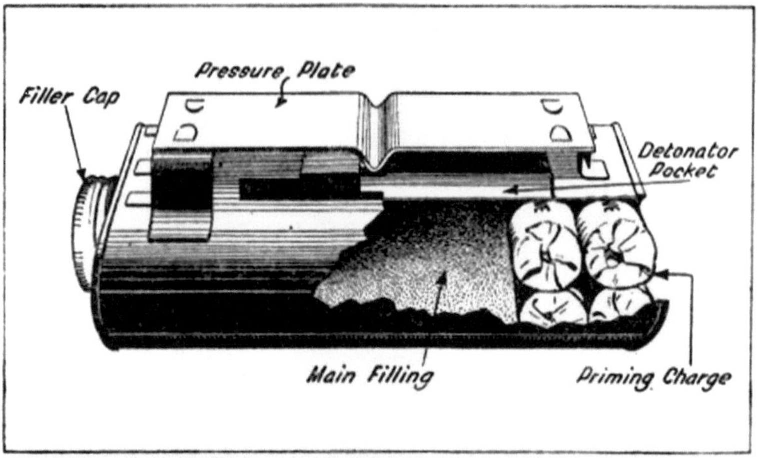


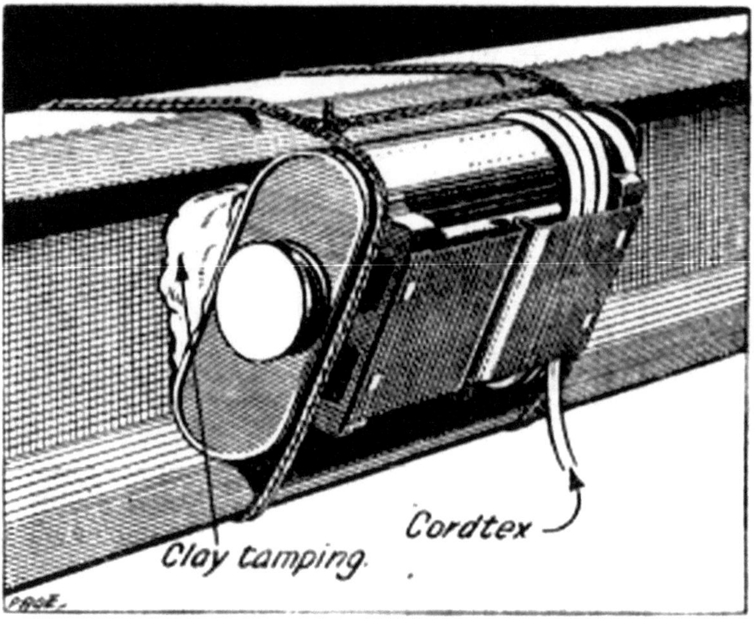


Abb. 67 (linke Seite oben): Aufbau der No. 75 Grenade
Abb. 68 (linke Seite unten), Abb. 69 (rechte Seite): Anwendungsbeispiele. Quelle: „Field Engineering, Military Training Pamphlet No. 30, Part VI: Demolitions“ (War Office)

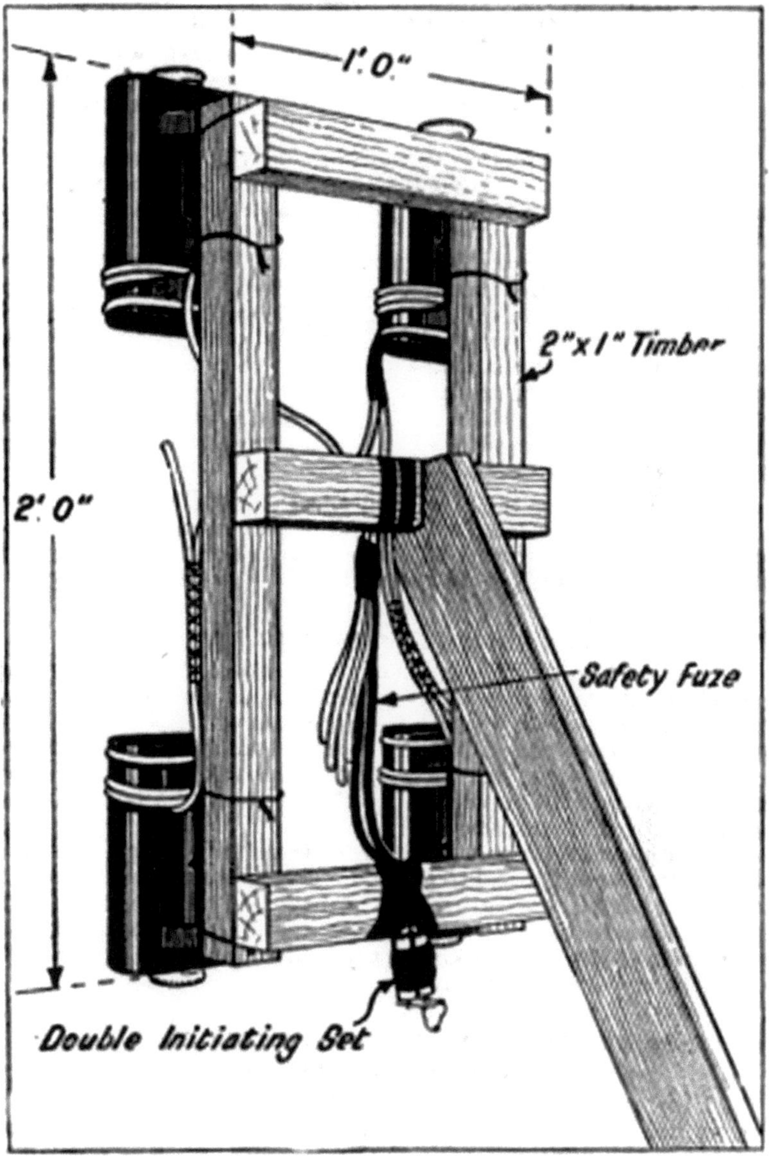
1' 0"
2' 0"
2"x1" Timber
Safety Fuze
Double Initiating Set

## 5. Das Sprengzubehör

Für die Spezialaufgaben, die Agenten und Widerständler zu erfüllen hatten, war neben den eigentlichen Sprengladungen und Waffen einiges an Zubehör und Werkzeugen erforderlich. Was verfügbar war, beschaffte die SOE auf dem zivilen Markt. Dies natürlich nicht ohne, wann immer möglich, die Gegenstände zu „anonymisieren". Das heißt, eventuelle Herstellermarken oder Hinweise auf das Herkunftsland zu entfernen. Was kriegsbedingt nicht erhältlich war oder überhaupt erst erfunden werden musste, ersannen und produzierten die SOE-Stationen IX und VII.

### Crimpzangen

Das für Sprengarbeiten am häufigsten mitgelieferte Werkzeug waren Zangen zum Festklemmen der Bickford-Zündschnüre in den dünnen Blechhülsen der Sprengkapseln. Hier gab es keine einheitliche Ausführung, vielmehr wurde die ganze Bandbreite ziviler wie auch militärischer Exemplare ausgegeben.

Abb. 70: Typische Crimpzange, die von SOE-Agenten im Einsatz verwendet wurde. Am unteren Zangenschenkel ist das Firmenzeichen des britischen Herstellers zu erkennen.

## Magnetic Holdfast

Angehörige von Spezialeinheiten, die sich per Boot feindlichen Schiffen näherten, benötigten ein Hilfsmittel, mit dem sie sich am Schiffsrumpf fixieren konnten. Denn vor dem Anbringen der Haftminen mussten sie diese schärfen und eventuell die betreffende Partie des Rumpfes von Muscheln oder anhaftenden Algen befreien. Dies musste weitestgehend geräuschlos auch an völlig glatten Flächen möglich sein. Da die Mehrzahl der Rümpfe aus Stahl oder Eisenmetallen bestanden, nutzte man dafür die gleichen Magnete, mit denen auch die Haftminen ausgestattet waren. Immerhin waren diese auch bei starkem Seegang erprobt worden und ihre Haltekraft somit verlässlich. Wurde die Befestigungshilfe knapp unterhalb der Wasserlinie angebracht, so konnte sie nach Verlassen des Zielobjekts am Rumpf verbleiben, da sie dann von Deck aus nicht sichtbar war und somit die Lage der angebrachten Haftminen nicht verraten konnte.

Abb. 71: Die Haltevorrichtung enthielt die gleichen Magnete wie die Haftminen, die mit ihrer Hilfe angebracht werden sollten.

## 6. Die Handfeuerwaffen

Bei Eliteeinheiten und Geheimdiensten fand eine breite Palette an Schusswaffen Verwendung. Dies lag zum Teil an der kriegsbedingt schwierigen Verfügbarkeit mancher Modelle, andererseits aber auch an den persönlichen Vorlieben der Einsatzkräfte sowie den oft besonderen Anforderungen, die deren Aufträge mit sich brachten.

### Colt Pistole 1903, Kaliber .380 ACP

Wenn beim Geheimdienst SOE von einer Standard-Faustfeuerwaffe die Rede sein konnte, so war dies die Colt Pistole Modell 1903 „Hammerless“. Sie wurde in großen Stückzahlen eingesetzt, bevorzugt im leistungsstarken Kaliber .380 ACP, aber auch im üblicheren .32 Browning. Angehörige der Eliteeinheiten British Commandos oder SAS führten die kompakte Selbstladepistole gerne als Zweitwaffe verdeckt unter ihrer Uniform.

Abb. 72: Colt Pistole 1903 „Hammerless“, Kaliber .380 ACP.

**Trageweisen**

Die meist zivil gekleideten Agenten der SOE trugen ihre Schusswaffen meist in Schulterholstern. Diese waren für ihre Zeit oft recht modern, da in ihnen die Waffe zum Teil durch die Klemmkraft einer Feder gehalten wurde. Dadurch ließ sich die Waffe im Bruchteil einer Sekunde ziehen.

Das Trainingsreglement der SOE sah darüber hinaus vor, dass die operativen Kräfte ihre Waffen durchgeladen, gespannt und gesichert führten. Dadurch waren sie in vielen Fällen weitaus schneller schussbereit als ihre Gegner.

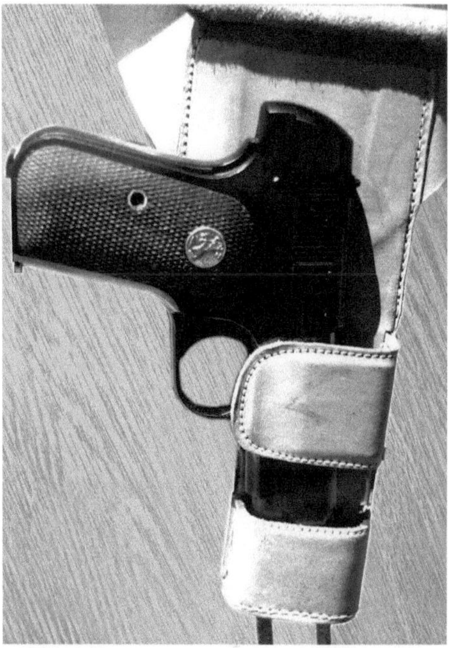

Abb. 73 (oben): Colt Pistole Modell 1903 in Schulterholster – ideale Bewaffnung für zivil gekleidete Agenten.

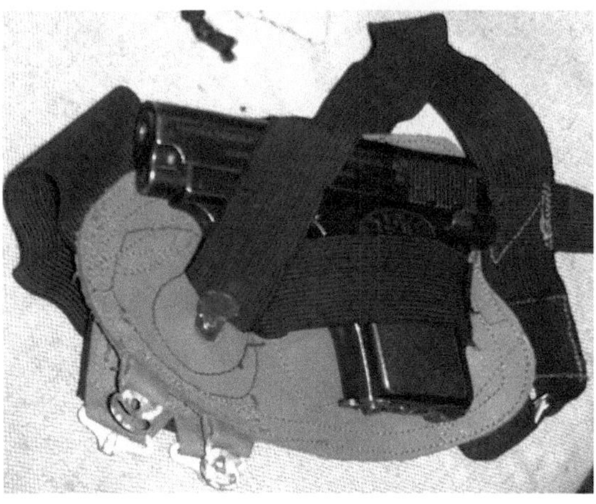

Abb. 74 (links): FN Pistole Modell 1906, Kaliber 6,35 Browning in improvisiertem Schulterholster. Ein SOE-Agent hatte es angefertigt, um auch unter schwierigsten Bedingungen eine Waffe verdeckt führen zu können.

**Liberator Pistole FP-45**

Diese einschüssige Pistole entstand als Gemeinschaftsprojekt der SOE und dem US-Geheimdienst „Office of Strategic Services" (OSS). Sie sollte, mit jeweils 10 Schuss Munition versehen, zu Tausenden hinter den feindlichen Linien abgeworfen werden und damit jeden Zivilisten zu spontanen Widerstandsaktionen befähigen.

Bei der Waffe handelte es sich um einen Einzellader mit glattem Lauf im Kaliber .45 ACP. Sie bestand zum größten Teil aus Blechprägeteilen, sodass innerhalb weniger Monate des Jahres 1942 rund eine Million Stück davon gefertigt werden konnten. Dennoch kam die Waffe nie zum Einsatz, da die Verantwortlichen erkannten, dass eine wahllose Bewaffnung der Einwohner der besetzten Länder nicht in ihrem Sinne sein konnte.

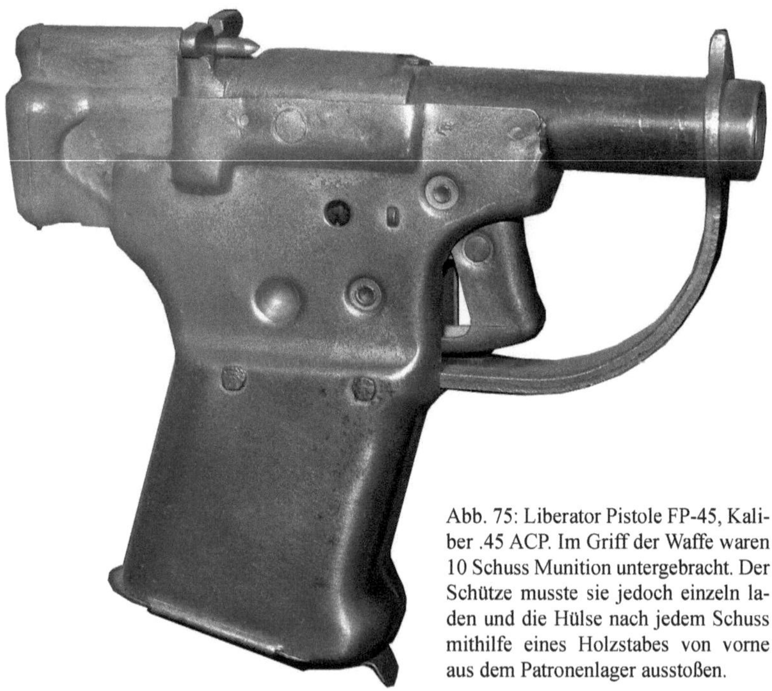

Abb. 75: Liberator Pistole FP-45, Kaliber .45 ACP. Im Griff der Waffe waren 10 Schuss Munition untergebracht. Der Schütze musste sie jedoch einzeln laden und die Hülse nach jedem Schuss mithilfe eines Holzstabes von vorne aus dem Patronenlager ausstoßen.

**Welgun, Kaliber 9 mm Parabellum**

Ab Mai 1942 begann die SOE-Station IX mit Versuchen, eine kompakte und dennoch zuverlässige und zielgenaue Maschinenpistole zu entwickeln. Nach ersten Erprobungen von gekürzten Varianten der bei der britischen Armee bereits eingeführten Sten begannen die Ingenieure, eine komplett neue vollautomatische Handwaffe zu entwickeln.

Bereits nach rund zwei Monaten hatten sie einen ersten Prototypen hergestellt, der bei Vergleichstest mit Sten und Lanchaster hervorragend abschnitt. Bald darauf waren rund ein Dutzend weitere Erprobungsexemplare gefertigt und die Birmingham Small Arms Company (BSA) bereitete sich bereits auf die Serienproduktion der Waffe vor. Die SOE plante, rund 100.000 Stück der Waffe zu beschaffen, bevorzugt mit einer monatlichen Fertigungsrate von 5.000 Stück.

Letztlich entschied man sich aus Kostengründen gegen die Einführung dieser in allen Punkten überlegenen Konstruktion. Stattdessen griff die SOE auf standardmäßig bei der britischen Armee geführte Modelle zurück.

Abb. 76: Einer der erhalten gebliebenen Prototypen der Welgun, Kaliber 9 mm Parabellum. Die Waffe war ihrer Zeit in vielen Details weit voraus. Möglicherweise war dies ein Grund für ihre Ablehnung.

**Carbine, Machine, Sten**

Die Sten im Kaliber 9 mm Parabellum war die am meisten verwendete Maschinenpistole der Britischen Armee im Zweiten Weltkrieg. Mit geringen Abweichungen wurden von ihr in den Baureihen Mark I, Mark II, Mark III, Mark IV, Mark V und Mark VI von 1940 an rund vier Millionen Stück hergestellt.

Die ungewöhnliche Bezeichnung „Sten" setzt sich zusammen aus den Anfangsbuchstaben der Namen ihrer Erfinder Major Reginald V. Shepherd und Harold Turpin sowie den ersten beiden Buchstaben der britischen Stadt Enfield, in deren Royal Small Arms Factory die beiden Konstrukteure arbeiteten.

Der sehr einfach aufgebaute Rückstoßlader mit zuschießendem Verschluss konnte mit geringem Material- und Maschineneinsatz in nur fünf Mannstunden gefertigt werden. Somit war Großbritannien in der Lage, diese sehr effektive und einfach zu bedienende Waffe zu Tausenden an Widerstandsgruppen zu liefern. So wurde sie zur Hauptwaffe der französischen Resistance und auch die Partisanen in Italien oder Griechenland schätzten sie als zuverlässiges Werkzeug im Kampf gegen die verhassten deutschen Besatzer.

Da sie sich mit wenigen Handgriffen in ihre drei Hauptbe-

Abb. 77: Sten Mk. II, die gängigste Variante der robusten Waffe. Allein von dieser Ausführung wurden rund zwei Millionen Stück gefertigt.

standteile zerlegen ließ, war sie sehr einfach zu verbergen, ein weiteres Plus für Einsätze hinter den feindlichen Linien. Um die kompakte Waffe noch handlicher zu gestalten, modifizierten viele Widerstandskämpfer und Geheimagenten die Schulterstütze der Waffe. Sie sägten den größten Teil ab und bogen aus dem verbleibenden Rest einen Pistolengriff. So ließ sich die Waffe zumindest bei kurzen Feuerstößen noch gut beherrschen und zugleich sehr leicht verbergen.

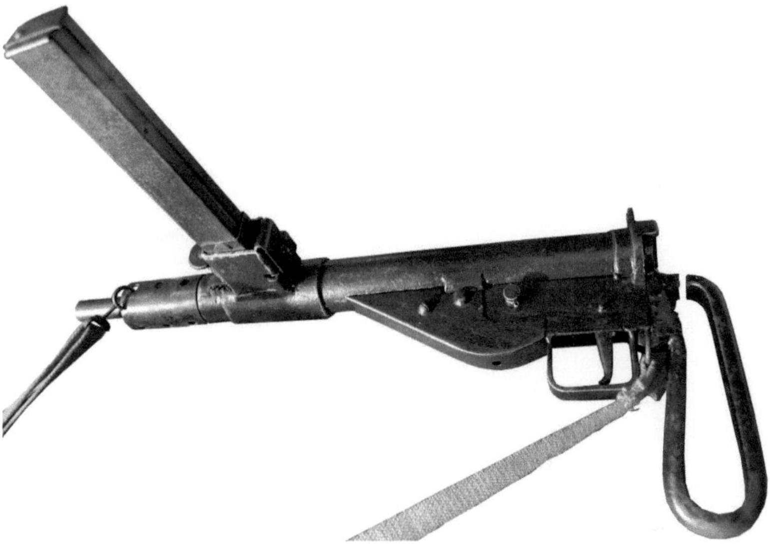

Abb. 78: Die Schulterstütze dieser Sten Mk II wurde von ihrem Verwender gekürzt und zu einem Pistolengriff zurechtgebogen..

Viele Widerstandsgruppen begannen auch eigene Versionen der Sten in geheimen Werkstätten zu fertigen. Geschickte Handwerker benötigten lediglich eine Drehbank und Handwerkszeuge, um funktionsfähige Kopien der Waffe in kleinen Serien herzustellen. Besonders die polnische Armia Krajowa („Heimatarmee") produzierte die Maschinenpistole in größeren Stückzahlen und auch aus dem dänischen Untergrund sind mehrere Versionen bekannt.

**Sten Mk II S**

Ab August 1942 begannen an der SOE Station IX die Entwicklungsarbeiten an einer schallgedämpften Version der bewährten Sten-Maschinenpistole. Nach ersten Versuchen mit auf Serienversionen der Waffe aufschraubbaren Dämpfern gingen die Überlegungen der Ingenieure bald dahin, den Schalldämpfer fest mit der Waffe zu verbinden. Denn nur so konnten sie den Verschluss an die durch den Dämpfer verminderte Rückstoßenergie anpassen und die einwandfreie Funktion auch im Dauerfeuer garantieren.

Abb. 79: Frühe Version der Sten Mk II (S).

Bis auf das direkt in das Verschlussrohr eingeschraubte kombinierte Lauf-Schalldämpferelement unterscheidet sich die Sten MK II (S) nur wenig von der Serienversion. Dies gilt auch für deren Handhabung, da sie für Standardmunition ausgelegt war und, zumindest bei den frühen Baureihen, ein Zerlegen des Dämpferelements durch die Verwender nicht vorgesehen war.

Abb. 80: Das Dämpferelement war direkt in das Verschlussrohr eingeschraubt.

Erste Praxiserfahrungen führten bald zu einer Weiterentwicklung des vielversprechenden Konzepts. Denn die Einsatzkräfte hatten bemängelt, dass das Innenleben des Dämpfers im Dauerfeuer zum Verschleiß neigte und sich außerdem stark mit Pulverrückständen zusetzte.

Also gestalteten die Konstrukteure den Dämpfer fortan aufschraubbar und verstärkten die enthaltenen Prallscheiben. Insgesamt verbesserten sie auch Dämpfungsleistung und Funktionssicherheit.

Rein äußerlich sind die modifizerten Exemplare am geringeren Durchmesser des Dämpferrohrs sowie einer Segeltuchmanschette zu erkennen, die angebracht wurde, weil das Rohr sich in Gebrauch stark erhitzte.

Abb. 81: Weiterentwickelte Version der Sten Mk II (S): Der Schalldämpfer hat nun einen geringeren Duchmesser, weist aber bessere Dämpfungsleistungen auf. Da er sich bereits nach wenigen Feuerstößen stark erhitzt, ist er mit Segeltuch umwickelt, damit der Schütze die Waffe mit bloßer Hand am Dämpferrohr führen kann.

## Welrod Silenced Pistol

Die schallgedämpfte Sten-Maschinenpistole war in erster Linie als Kampfwaffe ausgelegt, die auch für längere Feuergefechte geeignet sein sollte. Zum verdeckten Führen und für Attentate in gut bewachtem Umfeld war sie dagegen weniger geeignet.

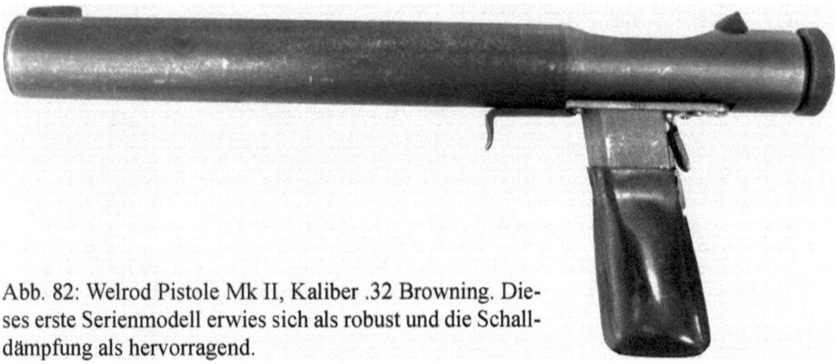

Abb. 82: Welrod Pistole Mk II, Kaliber .32 Browning. Dieses erste Serienmodell erwies sich als robust und die Schalldämpfung als hervorragend.

Besonders für letzteres Einsatzszenario ersannen die Konstrukteure der SOE Station IX die Welrod Pistole. Bei ihr handelete es sich um einen Handrepetierer mit Zylinderverschluss, bei dem der Dämpfer ebenfalls integraler Bestandteil der Waffe war. Sie ließ sich mit wenigen Handgriffen in ihre Hauptbestandteile zerlegen und in dieser Weise gut verdeckt zum Einsatzort transportieren.

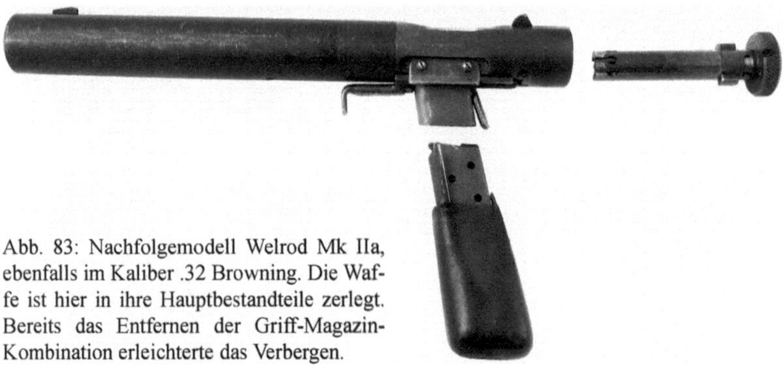

Abb. 83: Nachfolgemodell Welrod Mk IIa, ebenfalls im Kaliber .32 Browning. Die Waffe ist hier in ihre Hauptbestandteile zerlegt. Bereits das Entfernen der Griff-Magazin-Kombination erleichterte das Verbergen.

**Waffen mit abnehmbarem Schalldämpfer**

Um ihren Einsatzkräften größere Flexibilität im Einsatz ihrer Handfeuerwaffen zu ermöglichen, stellten die Ingenieure der Station IX auch Versuche mit zu dieser Zeit in Großbritannien im Handel erhältlichen Zubehörteilen an. In erster Linie verwendeten sie dabei die Produkte der in Birmingham ansässigen Firma Parker-Hale.

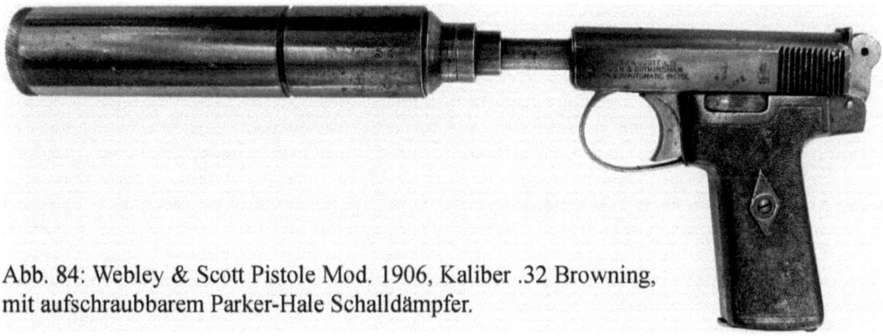

Abb. 84: Webley & Scott Pistole Mod. 1906, Kaliber .32 Browning, mit aufschraubbarem Parker-Hale Schalldämpfer.

Die Versuche waren wenig zufriedenstellend. So erreichten die aufschraubbaren Dämpfer bei weitem nicht die erwünschte Geräuschreduzierung, da durch den beim Repetieren geöffneten Verschluss Pulvergase lautstark entwichen.

Auch war die halbautomatische Funktion der Waffen nicht mehr sicher gewährleistet, sodass die Schützen in vielen Fällen von Hand nachrepetieren mussten. Nicht zuletzt waren die Waffen mit den aufgesetzten Dämpfern groß und unhandlich und ließen sich nur schlecht verdeckt führen.

Abb. 85: Pistole 08, Kaliber 7,65 Parabellum, ebenfalls mit Parker-Hale Dämpfer nachgerüstet. Die SOE „vererbte“ die Waffe nach ihrer Auflösung 1946 an den MI 6. Über eine Einsatzhistorie ist nichts bekannt.

**Hi Standard, Kaliber .22 lr**
Auf der Suche nach der idealen Schalldämpferwaffe ließ die SOE auch eine Anzahl von Hi Standard Pistolen Modell „B" mit einem fest montierten Schalldämpfer ausrüsten.

Die Waffen im Kaliber .22 lr bezog die SOE aus Beständen der US-Armee, weshalb sie mit dem irreführenden Stempel „Property of US" versehen sind.

Dennoch ist der Umbau rein britischen Ursprungs. Die sehr ähnlich aussehende Waffe, die der US-Geheimdienst OSS etwa zur gleichen Zeit fertigen ließ, basiert auf dem Hi Standard Modell „HS" mit außenliegendem Hahn. Außerdem weist deren Schalldämpfer ein gänzlich anderes Innenleben auf.

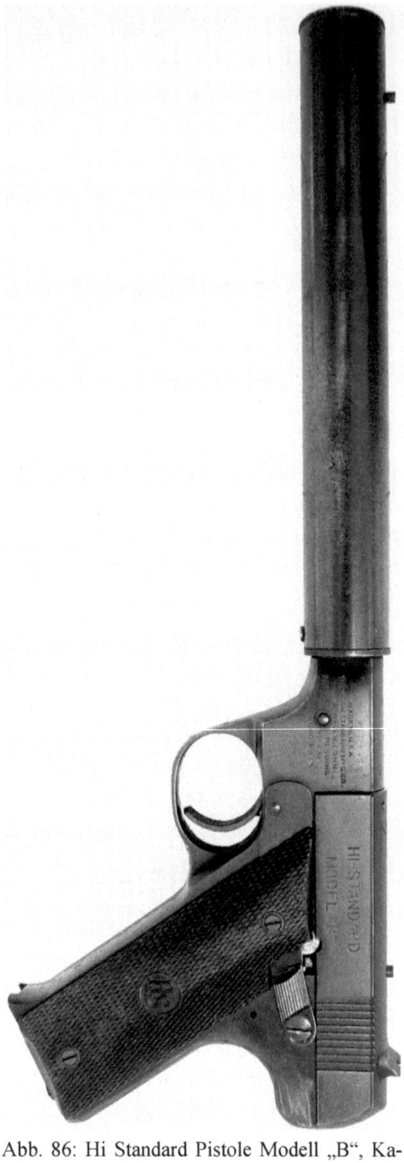

Abb. 86: Hi Standard Pistole Modell „B", Kaliber .22 lr, mit Schalldämpfer aus britischer Produktion.

**Sleeve Gun, Kaliber .32 ACP**

Gegen Ende des Krieges ließ die SOE eine Schalldämpferwaffe entwickeln, die nahezu keine Ähnlichkeit mehr mit einer herkömmlichen Pistole aufweist. Der Einzellader besteht im Wesentlichen aus einem zylindrischen Gehäuse, das Lauf und Schalldämpfer enthält. Daran ist ein rudimentärer Verschluss angeschraubt.

Abb. 87: Sleeve Gun, Kaliber .32 ACP in der Draufsicht. Gut zu erkennen ist die Schiene, die den Auslöseimpuls von dem an der Mündung liegenden Abzug an den Verschluss überträgt.

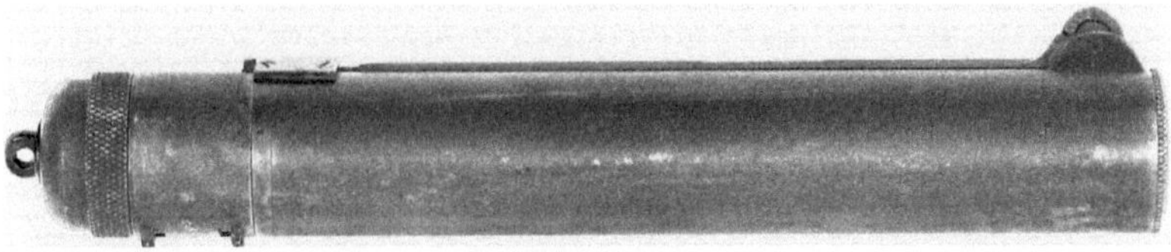

Abb. 88: Sleeve Gun, Kaliber .32 ACP, Seitenansicht.

Die Anwender sollten die Waffe bevorzugt an einer Schnur im Ärmel baumelnd transportieren. Bei Annäherung an ihr Opfer ließen sie sie in ihre Hand gleiten, um dann aus nächster Nähe den Schuss bei aufgesetzter Mündung mit dem Daumen auszulösen. Da die Schalldämpfung hervorragend war, hatte der Schütze gute Chancen zu entkommen, selbst wenn er die Tat beispielsweise mitten in einer Menschenmenge ausführte.

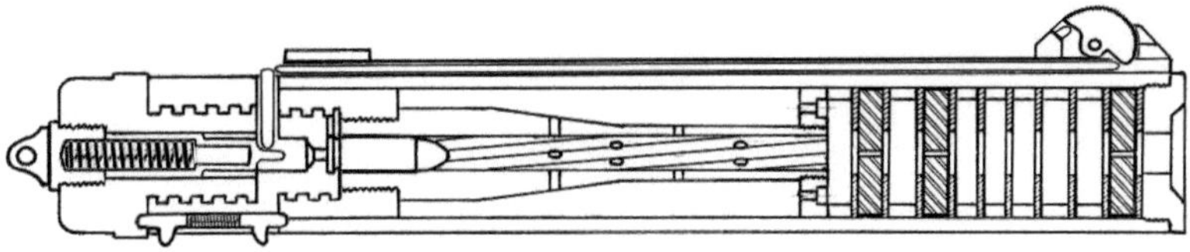

Abb. 89: Schnittzeichnung der Sleeve Gun

## Projector, Infantry, Anti Tank (PIAT)

Ab Juli 1943 stand den britischen Truppen – und damit auch geheimen Spezialkräften – diese tragbare Panzernahbekämpfungswaffe zur Verfügung. Mit einer Länge von knapp 1 m und einem Gewicht von 14,4 kg war sie handlich genug, um von einem Einzelkämpfer bedient zu werden. Bei Einführung konnte sie jedoch der immer weiter verstärkten Frontpanzerung deutscher Kampfwagen bereits nicht mehr gefährlich werden. Seite und Heck konnten ihr nicht genug entgegensetzen, weshalb diese Partien zum bevorzugten Ziel der britischen Panzerjäger wurden.

Bei ihnen erfreute sich die eigentümliche Waffe jedoch nur geringer Beliebtheit, denn sie war von Anfang an mit konstruktiven Schwächen behaftet. So musste der Schütze vor dem ersten Schuss die sehr kräftige Schlagbolzenfeder spannen. Dies war nur im Stehen möglich und musste deshalb in Deckung geschehen. Für alle weiteren Schüsse entfiel das

Abb. 90: Vorderteil eines PIAT mit in die Ladeschale eingeschobenem Projektil.

Vorspannen der Feder, da sie vom Rückstoß des jeweils vorherigen Schusses in Position gedrückt wurde. Leider konnte es, falls der Schütze die Waffe beim Abziehen nicht fest genug gegen seine Schulter presste, dazu kommen, dass die Feder nicht voll gespannt wurde und deshalb die Halterast nicht erreichte. Dadurch wurde die Waffe im Kampf für den Schützen in vielen Fällen wertlos, da er nicht seine Deckung verlassen konnte, um die Feder neu zu spannen.

Abb. 91: PIAT in feuerbereitem Zustand mit Trageriemen und Stütze mit Bodenplatte.

Beim Abziehen zündete der im Führungsschaft befindliche Schlagbolzen die davor liegende Treibladung. Das Geschoss erreichte eine Mündungsgeschwindigkeit von etwa 137 m/s, die maximale Reichweite lag bei 350 m. Die effektive Entfernung bei der Bekämpfung von Panzern betrug jedoch lediglich rund 100 m. Dabei lag die Durchschlagsleistung der Munition bei gut 100 mm Stahlplatte.

Das PIAT-System hatte zahlreiche Vorteile gegenüber den vergleichbaren deutschen oder US-amerikanischen Waf-

Abb. 92: Die Polsterung der Schulterstütze trug nur wenig dazu bei, den starken Rückstoß des PIAT für den Schützen erträglicher zu machen.

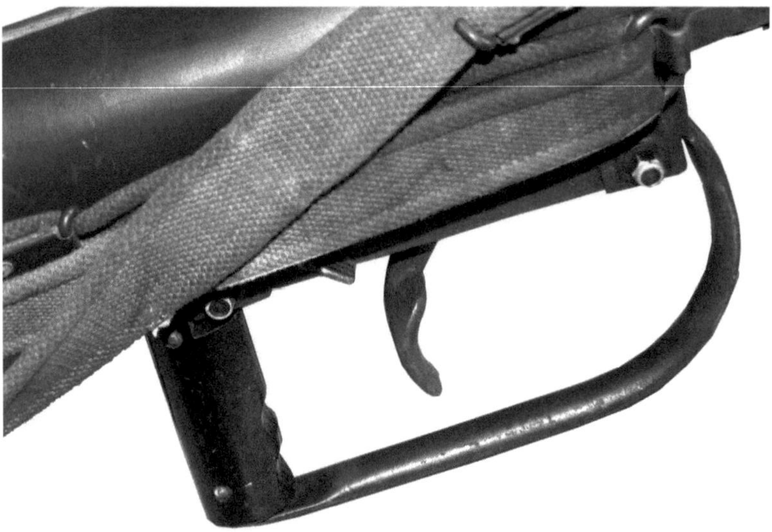

Abb. 93: Das Hinterteil des Abzugsbügels bildete zugleich den Pistolengriff der Waffe. Der Abzug war so groß, dass der Schütze ihn problemlos mit zwei oder drei Fingern bedienen konnte.

fen, beispielsweise das Fehlen eines nach vorne oder hinten gerichteten Feuerstrahls, der die Position des Schützen verraten konnte. Auch ließ sich die Waffe deshalb sicherer von Gebäuden aus bedienen. Die Nachteile lagen in dem bereits beschriebenen schwierigen Spannvorgang sowie dem sehr starken Rückstoß und der nur unter idealen Bedingungen erreichbaren vollen Durchschlagskraft.

Die PIAT-Panzerabwehrwaffe war an nahezu allen Kriegsschauplätzen mit britischer Beteiligung zu finden. Großbritannien lieferte sie auch in die verbündete Sowjetunion sowie an Widerstandsgruppen in Polen, der Tschechoslowakei und Frankreich.

Abb. 94: Munition für den PIAT-Werfer: Bomb HE/AT (High Explosive/Anti Tank) Mk 3/L. In der Stabilisierungsflosse befindet sich eine Halterung für den Zünder des Projektils. Ihn setzt der Schütze erst kurz vor dem Schuss ein, da das Geschoss sonst nach jedem kräftigen Stoß gegen den Zünder ungewollt detonieren kann.

## 7. Die Blankwaffen

Bezüglich des Einsatzes von Messern und Dolchen überraschen die Stückzahlen und die Modellvielfalt, die britische Eliteeinheiten und Geheimdienste im Zweiten Weltkrieg an ihre operativen Kräfte ausgaben.

### Das Fairbairn-Sykes Kampfmesser

Das Bewusstsein für den Wert einer blanken Waffe war in Großbritannien von zwei Männern geweckt worden: den Captains William E. Fairbairn und Eric A. Sykes. Beide hatten jahrzehntelang im Dienst der internationalen Polizei von Schanghai gestanden, der damals gefährlichsten Stadt der Welt. Dort hatten sie sich intensiv mit asiatischen Kampfkünsten und insbesondere dem Messerkampf auseinandergesetzt. Bei Ausbruch des Zweiten Weltkriegs nach Großbritannien zurückgekehrt, stellten sie ihr Fachwissen in den Dienst der Landesverteidigung und entwarfen das nach ihnen benannte Kampfmesser als ideales Tötungswerkzeug für

Abb. 95: Die drei Ausführungen des Fairbairn-Sykes Kampfmessers

Sondereinheiten und Geheimdienste. Ausschlaggebend für die Aufmerksamkeit, die dem blanken Stahl von Militär und Geheimdiensten in Großbritannien zuteil wurde war jedoch nicht allein das Messer, sondern das Kampfkunstsystem, das Fairbairn und Sykes entwickelt hatten und in dessen Anwendung sie die operativen Kräfte nun systematisch schulten.

Anfang 1941 lief die Serienfertigung der ersten Ausführung des F-S Messers an und der Geheimdienst SOE gehörte zu den ersten Abnehmern. Auch die British Commandos waren unter den ersten Kunden und orderten 50 der neuartigen Messer per Eilbestellung, um die auf einer ihrer ersten Angriffsoperationen führen zu können, die unter dem Codenamen „CLAYMORE" die deutsch besetzten Lofoten-Inseln zum Ziel hatten.

Erfolgreiche Operationen wie diese führten bald zum Nimbus des „Heldenmessers", der zur Folge hatte, dass ein regelrechter Blankwaffenboom in Großbritannien einsetzte. Allein bis 1945 wurden rund zwei Millionen Fairbairn-Sykes Messer in Großbritannien hergestellt.

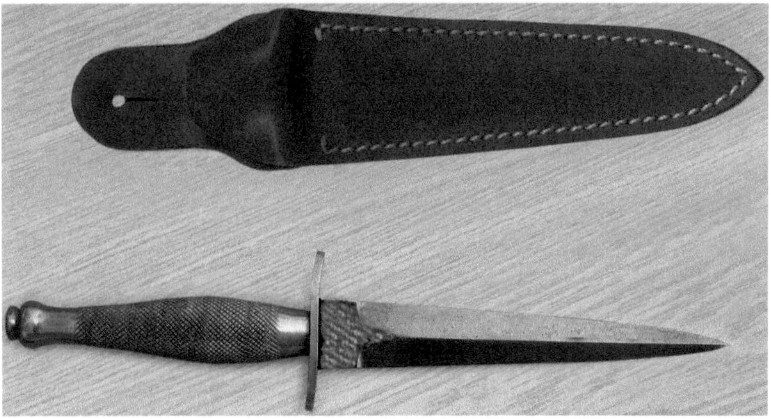

Abb. 96: Verkleinerte Ausführung des F-S Messers, die sich durch zivil gekleidete Agenten leichter verdeckt führen ließ.

## Das Thumb Knife

Die Kampfkunstexperten Fairbairn und Sykes waren jedoch auch Kampfmessern gegenüber aufgeschlossen, die nicht von ihnen selber entwickelt worden waren. Allerdings halfen sie in vielen Fällen, bereits bestehende Entwürfe noch praxistauglicher zu gestalten. Dies gilt beispielsweise für das „Thumb Knife" (Daumenmesser), das nicht aus ihrer Feder stammte. Dessen ungeachtet empfahlen sie es in ihren Trainingskursen und setzten bei ihren Vorgesetzten zumindest eine Kleinserienfertigung durch.

Das Messer war als leicht zu verbergende Minimalwaffe ausgelegt, die die operativen Kräfte beispielsweise hinter dem Anzugsrevers oder in der Kragenecke versteckt tragen konnten. Sicherlich wäre es schwierig gewesen, einen bewaffneten Gegner mit solch einem kleinen Messer zu töten. Es war jedoch vielmehr das Ziel, den Feind überraschend zu verwunden, um sich im Ernstfall eine Fluchtmöglichkeit zu schaffen.

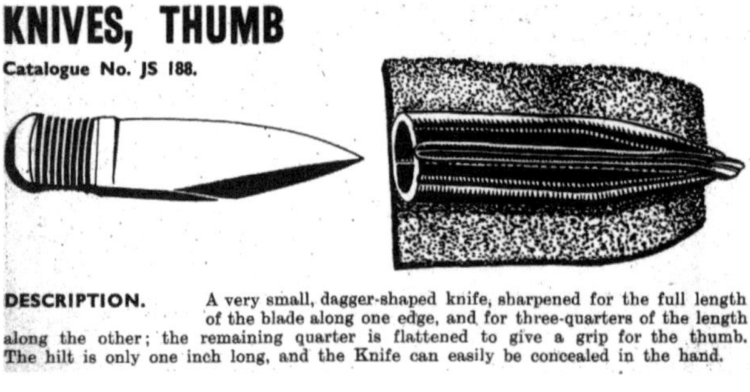
**KNIVES, THUMB**

Catalogue No. JS 188.

DESCRIPTION. A very small, dagger-shaped knife, sharpened for the full length of the blade along one edge, and for three-quarters of the length along the other; the remaining quarter is flattened to give a grip for the thumb. The hilt is only one inch long, and the Knife can easily be concealed in the hand.

Abb. 97: Verschiedene Ausführungen des Thumb Knifes. Unten links in einem Ausrüstungskatalog der SOE.

## Weitere Blankwaffen

Nicht nur als Waffe, sondern auch als Sabotagewerkzeug gab die SOE ein kräftiges Taschenmesser mit feststellbarer Klinge an ihre operativen Kräfte aus. Eine Ausführung davon wies zusätzlich eine kurze hakenförmige Klinge auf, die zum Aufschlitzen der Reifen feindlicher Fahrzeuge dienen sollte.

**KNIVES, DAGGER JACK, D.B.**

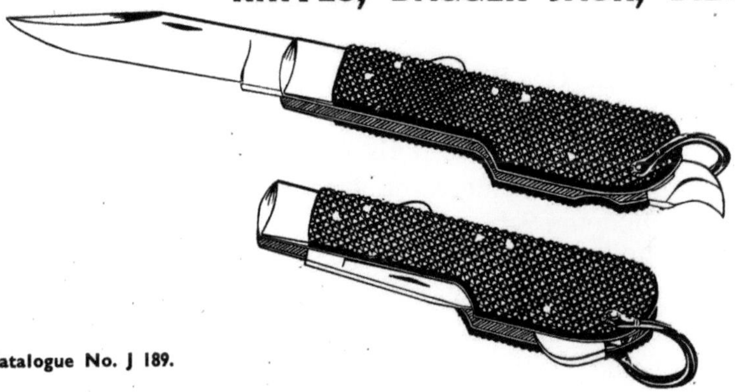

**Catalogue No. J 189.**

**DESCRIPTION.** A folding knife, similar to the Knife Dagger Jack, Plain (Item No. 187), but with an additional Tyre-Slashing Blade.

The large blade is dagger-shaped, sharpened along one side for the whole of its length and along the other for one-third. The second blade is small and hook-shaped, and is specially designed to cut the rubber of a tyre.

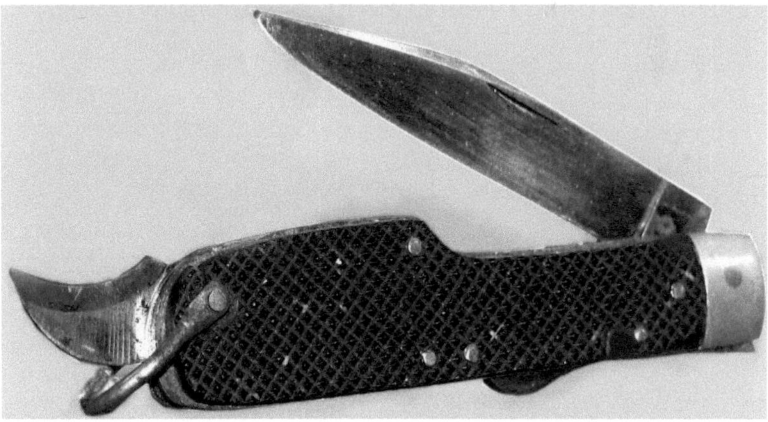

Abb. 98 und 99: Klappmesser der SOE mit zusätzlicher „Reifenschlitzer"-Klinge. Oben der entsprechende Eintrag im SOE-Ausrüstungskatalog. Quelle: National Archives HS 7/47.

## 8. Persönliche Waffen einzelner Agenten

Den Agenten wurde von ihren Vorgesetzten meist freigestellt, welche und wieviele Waffen sie mit sich führen wollten, wenn sie sie auf eine Mission ins feindliche Territorium entsandten. Neben Standardwaffen wie der Colt Pistole 1903 wählten viele Agenten weitere Schusswaffen, Messer oder Schlagwaffen, mit denen sie bereits zuvor Praxiserfahrungen genacht hatten.

### Faultless Tear Gas Pen Gun

Wing Commander Forest Frederick Edward Yeo-Thomas trug bei seinen Einsaätzen als Agent der SOE im besetzten Frankreich neben seiner Colt „Hammerless" Pistole den unten abgebildeten Schießstift, der für Tränengas-Patronen im Kaliber .380 ausgelegt war. Der in den USA unter dem Namen „Faultless" vertriebene Stift war in den 1930er-Jahren in Europa sehr verbreitet, somit wies sein Besitz nicht automatisch auf eine geheimdienstliche Tätigkeit hin.

Yeo-Thomas wurde während seiner dritten Mission in Frankreich von der Gestapo verhaftet. Bei seiner Festnahme trug er zwar sowohl Colt als auch Schießstift, konnte aber beide aufgrund des Überraschungsmoments nicht mehr einsetzen.

Abb. 100: Faultless Tear Gas Pen Gun, Kaliber .380.

## Weitere Waffen

Die in den meisten Fällen in bewaffnetem und unbewaffnetem Nahkampf geschulten Agenten der SOE führten oft viele verschiedene Waffen mit sich. Dabei waren Schusswaffen für den Träger besonders gefährlich, da ihr Besitz in den besetzten Gebieten meist bei Todesstrafe verboten war. Bei Einmarsch des Feindes hatten alle privaten Schusswaffenbesitzer ihre Waffen abgeben müssen.

Somit konnte ein Agent, auch ohne als solcher enttarnt zu werden, wegen illegalem Waffenbesitz in Lebensgefahr geraten. Meist nahmen die ohnehin in permanenter Gefahr arbeitenden operativen Kräfte dieses Risiko in Kauf. Einige jedoch lehnten es grundsätzlich ab, Schusswaffen zu führen und verließen sich lieber auf Waffen, die ebenso von Kleinkriminellen verwendet wurden. Auch hier wurde Wert darauf gelegt, nur Exemplare zu verwenden, die in dem jeweiligen Zielland des Agenten gefertigt worden waren.

Abb. 101 und 102: Schlagringe aus französischer Vorkriegsproduktion, die von SOE-Agenten im Einsatz geführt wurden.

## 9. Allgemeine Ausrüstung

Auch bei den weiteren Ausrüstungsgegenständen für Agenten und Spezialkräfte galt es, stets eine Gratwanderung zwischen Einsatznutzen und Auffälligkeit zu gehen. Denn ein angeblicher Zivilist in den besetzten Gebieten, bei dem britische Lebensmittelrationen, Taschenlampen oder Kameras gefunden wurden, konnte sich sicher sein, als mutmaßlicher britischer Agent verhaftet und gefoltert zu werden.

Deshalb legte die SOE großen Wert darauf, so viele Ausrüstungsgegenstände wie möglich aus der Vorkriegsfertigung des jeweiligen Einsatzlandes zu verwenden. Diese wurden in großer Zahl von Flüchtlingen erworben, die aus den entsprechenden Regionen nach Großbritannien gelangt waren. Objekte, die nicht in ausreichender Zahl verfügbar waren, ließ die SOE in Kleinserie nachfertigen.

Abb. 103 und 104: Zwei Taschenlampen, die SOE-Agenten in Frankreich verwendeten: Beide tragen französische Firmenzeichen und stammen aus Vorkriegsproduktion.

Natürlich brachten es die Aufgaben der Agenten mit sich, dass sie trotz dieses Problembewusstseins verräterische Gegenstände mit sich führen mussten. Diese bemühte man sich in der Weise zu gestalten, dass sie sich bestmöglich verbergen ließen.

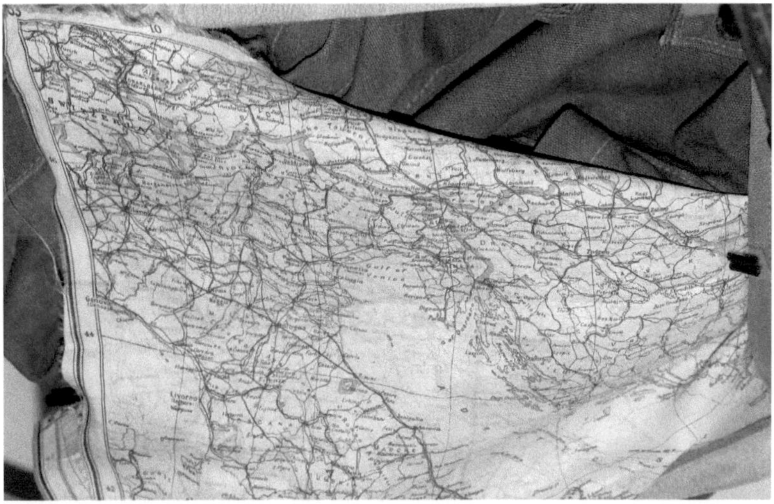

Abb. 105: Landkarte des Dreiländerecks Österreich, Norditalien und Jugoslawien. Sie ist auf Seidenstoff gedruckt, damit sie in der Kleidung eingenäht verborgen werden kann. SOE-Agentin Christine Granville legte sich, als ihre Enttarnung drohte, eine solche Karte einfach als Halstuch um. Den deutschen Soldaten, die sie durchsuchten, entging dieses Detail. Diese Karten stammten ursprünglich von der RAF, die sie als Fluchthilfeausrüstung an ihre Piloten ausgab.

Abb. 106: Als Feuerzeug getarnte Kamera – Solche Spezialausrüstung stellten die Werkstätten der SOE als Einzelstücke oder Kleinserien her. Damit versetzten sie die Agenten oft überhaupt erst in die Lage, ihre besonderen Aufgaben zu erfüllen.

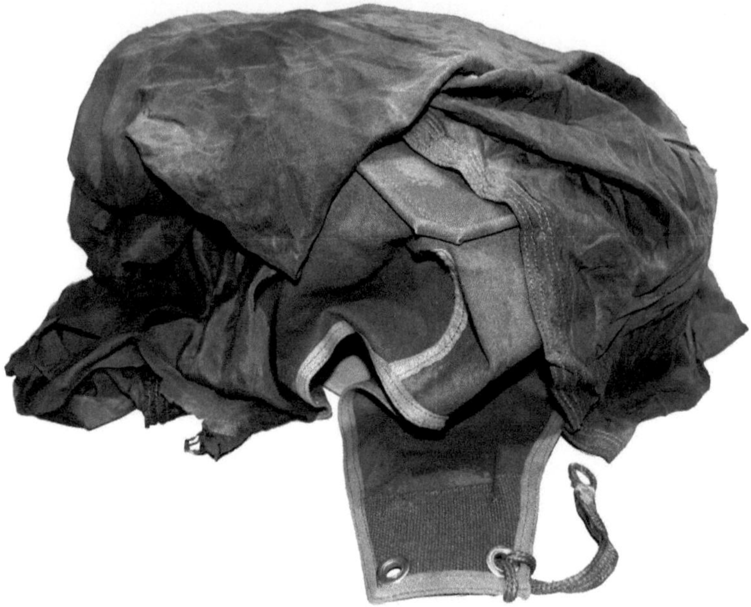

Abb. 107: Fallschirm eines SOE-Agenten, der von der Gestapo sichergestellt wurde. Da der Boden am Landeplatz wegen winterlicher Temperaturen hart gefroren war, hatte der Besitzer den verräterischen Ausrüstungsgegenstand nicht vergraben können. Die Schirmhaube ist zur Tarnung dunkelgrün-braun eingefärbt.

Abb. 108: Zerlegbare Schaufel, die SOE-Fallschirmagenten mitführten, um ihre Sprungausrüstung direkt nach der Landung vergraben zu können.

Abb. 109: Diese Sprunganzüge trugen SOE-Agenten über ihrer Zivilkleidung, wenn sie mit dem Fallschirm über feindlichem Territorium absprangen. Dank über die gesamte Länge laufender Reißverschlüsse konnten sie die Schutzkleidung innerhalb von Sekunden abstreifen und sich in einen unauffälligen Passanten verwandeln.

# Fazit

Verglichen mit den anderen Kriegsparteien überrascht Großbritannien durch die Vielzahl an Entwicklungen, die das Land im Verlauf des Zweiten Weltkriegs zum Thema Verdeckte Kriegsführung hervorgebracht hat.

Besonders verwundert der zum Teil schon fast verspielt wirkende Charakter der dabei geschaffenen Ausrüstungsgegenstände, seien es schießende Tabakpfeifen oder explodierender Maultierdung.

Viele dieser Gegenstände, wie beispielsweise das Fairbairn-Sykes Kampfmesser oder die zahlreichen Schalldämpferwaffen, erreichten eine hohe Symbolwirkung. Sie gelten noch heute als Sinnbild für den heroischen Kampf des Inselreiches gegen die faschistischen Eroberungszüge. Dies obwohl ihr tatsächlicher militärischer Nutzen deutlich geringer war als der von weitaus „profaneren“ in diesem Buch vorgestellten Waffen.

Denn allein die Verfügbarkeit von Nobels Sprengstoff 808 und erst recht die massenhafte Verbreitung moderner Plastiksprengstoffe gab Agenten und Widerstandsgruppen die Schlagkraft, die sie gegen den zeitweise übermächtig erscheinenden Gegner benötigten. Auch die Brandmittel, die „Atombomben des kleinen Mannes“, taten ihr übriges. Denn für den Akteur vergleichsweise gefahrlos vorbereitete und zum richtigen Zeitpunkt ausbrechende Brände hatten ebenfalls ein erhebliches Zerstörungspotenzial.

Die Wirkung der irregulären Kriegsführung Großbritanniens und seiner Verbündeten lässt sich sehr gut am Beispiel Frankreichs verdeutlichen. Das Land war aufgrund der in der Normandie begonnenen Rückeroberung Kontinentaleuropas von entscheidender strategischer Bedeutung. Entsprechend konzentrierten sich die Bemühungen der SOE schon früh auf den Aufbau stabiler Agentennetze und die Unterstützung und Versorgung der einheimischen Widerstandsgruppen.

Im Kriegsverlauf warfen Bomber der RAF im Auftrag der SOE über 10.000 Tonnen Waffen und Material für die Kämpfer der Résistance und des Maquis ab. Über 400 britische Agenten waren in Frankreich im Einsatz, rund einViertel davon fand dabei den Tod. Jedoch gelang es den Agenten- und Widerstandsnetzen, allein in den Tagen der alliierten Landungsoperationen in der Normandie knapp 1000 Eisenbahnsprengungen zu organisieren. Hinzu kamen unterbrochene Kommunikationswege, blockierte Straßen und gesprengte Brücken.

Diese Operationen erschwerten den deutschen Nachschub erheblich und trugen damit zum Erfolg der bis dahin größten amphibischen Landung der Militärgeschichte bei.

# Literatur

Allan, Stuart: Commando Country. Edinburgh: National Museums of Scotland, 2007.

Beevor, J. G.: SOE – Recollections and Reflections 1940-1945. London: The Bodley Head, 1981.

Binney, Marcus: Secret War Heroes. London: Hodder & Stoughton, 2005.

Boyce, Frederic; Everett, Douglas: SOE: The Scientific Secrets. Phoenix Mill: Sutton Publishing, 2003.

Brendon, Piers: Winston Churchill: A Brief Life. London: Secker & Warburg 1984.

Churchill, Winston: Der Zweite Weltkrieg. München: Scherz, 1985.

Cookridge, E. H.: Inside SOE. London: Arthur Barker, 1966.

Cornish, Paul: Weapons and Equipment of the Special Operations Executive. In: Seaman, Mark (Hg.): Special Operations Executive: A New Instrument of War. London: Routledge, 2006, S. 22–32.

Dockery, Kevin: Special Warfare, Special Weapons. Chicago: Emperor's Press, 1997.

Foot, Michael: SOE. The Special Operations Executive. London: Mandarin, 1984.

Hahlweg, Werner: Guerilla: Krieg ohne Fronten. Stuttgart: Kohlhammer, 1968.

Hahlweg, Werner: Typologie des modernen Kleinkrieges. Wiesbaden: Steiner 1967.

Ladd, James; Melton, Keith; Mason, Peter: Clandestine Warfare. London: Blandford Press, 1988.

Lampe, David: The Last Ditch: Britain's Secret Resistance and the Nazi Invasion Plan. London: Greenhill Books, 2007.

Lorrain, Pierre: Secret Warfare. London: Orbis, 1983.

MacKenzie, S. P.: The Home Guard: A Military and Political History. London: Oxford University Press, 1995.

Macksey, Kenneth: Commando Strike. London: Cooper, Secker & Warburg, 1985.

National Archives HS 2/224: Operation CLAYMORE - raid on Lofoten islands.

National Archives HS 7/27: SOE Research and Development section 1938–1945.

National Archives HS 7/30: Information on weapons, portable transmitting and receiving equipment; With diagrams and booklet, 1945.

National Archives HS 7/47: Descriptive catalogue of special devices and supplies, 1944.

National Archives HS 7/48: List of agents' equipment and operational stores; technical review, 1943.

National Archives HS 8/199: SOE Council minutes, 01.01.1943–31.12.1943.

National Archives MEPO 2/6647: Silencers for firearms and sleeve guns: Commissioner's observations, 1945.

National Archives HO 144/22539: Silent Weapons and Sleeve Gun, 1945.

National Archives WO 185/144: Re-designated Sten Mk II (S)F5: Silent Weapon 1941–1945.

National Archives WO 216/39: Independent Companies and Commandos: Equipment Deficiencies.

Skochko, Leonard; Greveris, Harry: Silencers: Principles and Evaluations. Report R-1896. Philadelphia: Department of the Army Frankford Arsenal, 1968.

Stafford, David: Britain and European Resistance, 1940–1945. London: Macmillan 1980.

Turner, Des: Aston House. Station 12: SOE's Secret Centre. Stroud: Sutton, 2006.

# SOE-Sabotagehandbuch

## Deutsch

Die folgenden Seiten enthalten den Nachdruck eines Handbuches, das die SOE ihren Waffenlieferungen an den europäischen Widerstand beilegte. Der Text war darin in sieben Sprachen enthalten. Hier wird jedoch nur der deutschsprachige Teil wiedergegeben.

Da das Buch mit etwa 10 x 15 cm recht kleinformatig angelegt war, werden die Seiten leicht vergrößert abgedruckt.

Das Original ist im britischen Nationalarchiv unter der Signatur HS 7/30 archiviert.

# VORWORT

Dieses Merkblatt ersetzt das alte, welches bereits seit einiger Zeit überholt ist Es ist in verschiedenen Sprachen herausgegeben. Alle Abbildungen sind am Ende zu finden.

Jeder Artikel ist mit einer Seriennummer versehen und ist, wenn zum ersten Mal angeführt, dick gedruckt. Danach erscheinen die Artikel in normalem Druck. Das Inhaltsverzeichnis enthält eine vollstäudige Liste der verschiedenen Artikel und der Zellen, in denen diese enthalten sind, zusammen mit Anweisungen zum Anfordern von Standardbehältern.

Es wird mit diesem Merkblatt nicht bezweckt, Anweisungen zum Gebrauch der verschiedenen Artikel zu geben, und es ist daher so kurz wie möglich gehalten.

Eine Abbildung für jeden Artikel ist beigefügt, um die Erkennung der verschiedenen Gegenstände zu erleichtern.

---

## INHALTSVERZEICHNIS.



I

| Nr. | Artikel | Merkblatt Teil | Zelle | Bemerkungen |
|---|---|---|---|---|
| 8. | REIBFLÄCHE | A | H 5, 11, 12 | |
| 9. | REIBZÜNDHÜLSE | A | H 5 | |
| 10. | ZUGZÜNDER | A | H 5 | |
| 11. | BALLON | A | H 5 | |
| 12. | KLEBBAND | A | H 5, 10, 11, 12, 23, 24 | |
| 13. | CORDTEX SPRENGSCHNUR | B | H 1, 2, 3 | |
| 14. | KUPFERDICHTUNGSKAPPE | B | H 5 | |
| 15. | KLETTENLADUNG | C | H 13 | |
| 16. | UNIVERSALLADUNG | C | — | werden geliefert, sobald vorrätig |
| 17. | GUMMITUCH | C | H 5 | |
| 18. | BOSTIK | C | H 5 | |
| 19. | GUMMILÖSUNG | C | H 5 | |
| 20. | 1½-PFUND LADUNG | C | — | werden geliefert, sobald vorrätig |
| 21. | SCHIENENLADUNG | C, D | H 21, 22 | |
| 22. | MAGNETE | C | — | werden bei geringem Vorrat nicht geliefert |
| 23. | KNALLSIGNAL | D | H 5 | |
| 24. | STIFTZEITZÜNDER | E | H 5, 11, 12 | |
| 25. | FEUERTOPF | F | H 11, 12 | einige 1-Pfund und 202 Paraffinbrandbomben können unter Umständen noch geliefert werden. Diese werden aber allmählich durch den Brandblock ersetzt |
| 26. | 2½-PFUND THERMITBOMBE | F | H 11, 12 | |
| 27. | BRANDBLOCK | F | | |

| Nr. | Artikel | Merkblatt Teil | Zelle | Bemerkungen |
|---|---|---|---|---|
| 28. | ZEITBRANDBOMBE, TASCHENFORMAT | F | H 11, 12 | |
| 29. | SCHNELLSCHNUR | F | H 11, 12 | |
| 30. | LIMPET-UNTERWASSERLADUNG | G | H 23, 24 | |
| 31. | A.C. ZEITZÜNDER | G | H 23, 24 | |
| 32. | SCHRAUBSCHLÜSSEL | G | H 23, 24 | |
| 33. | DICHTUNGSFETT | G | H 23, 24 | liegt bei in A.C. Zeitzünder-Schachtel |
| 34. | ANLEGESTAB | G | H 23, 24 | |
| 35. | MAGNETISCHER FESTHALTER | G | H 23, 24 | |
| 36. | STOLPERDRAHT | | H 5 | |
| 37. | DRUCKZÜNDER | H | — | zur Zeit ausgelassen, bis Umänderungen erfolgt sind |
| 38. | FREIGABEZÜNDER | H | H 5 | |
| 39. | Nr. 82 GRANATE (GAMMON) | I | H 10 | |
| 40. | SPRENGPILLENGRANATE | I | H 10 | |
| 41. | SPEZIALSPRENGKAPSEL | I | H 10 | |
| 42. | SCHLAGZÜNDER (für Universalladung) | I | — | zum Gebrauch mit Universalladung |
| 43. | REIFENZERSTÖRER | I | -- | vorderhand nur in Behälter Type „C" |
| 44. | SPRENGKAPSEL FÜR REIFENZERSTÖRER | I | -- | |
| 45. | EIERHANDGRANATE (Nr. 36 MILLS) | I | H 8, 9 | |

3

| Nr | Artikel | Merkblatt Teil | Zelle | Bemerkungen |
|---|---|---|---|---|
| 46. | HANDGRANATENKAPSEL FÜR Nr. 36 MILLS | I | H 8, 9 | |
| 47. | SCHMIRGELPASTE | I | H 13 | |
| 48. | ZANGE | I | H 13 | |
| 49. | VASELINE | I | H 5 | |
| 50. | FELDVERBANDPÄCKCHEN | I | H 8, 9 | |
| 51. | STEN-MASCHINENPISTOLE | J | H 6, 7 | |
| 52. | PISTOLEN | K | H 8, 13 | diese können sowohl Revolver als auch Selbstladepistolen sein. Letztere sind nur schwer erhältlich |

Die obenerwähnten Artikel sind wie folgt in Standardbehälter verpackt

| Behälter Type | Stossdämpfer | Zellenlage und Nummer A. | B. | C. | D. | E. | Fallschirm-eimer | Inhaltsbeschreibung |
|---|---|---|---|---|---|---|---|---|
| H 1 | | 1 | 2 | 3 | 4 | 5 | | Sprengstoff und Zubehör |
| H 2 | | 6 | 6 | 7 | 7 | 7 | | Sten-Maschinenpistole |
| H 3 | | 6 | 9 | 7 | 8 | 10 | | Waffen |
| H 4 | | 11 | 11 | 12 | 12 | 12 | | Brandmittel |
| H 5 | | 1 | 2 | 3 | 13 | 5 | | Sabotage |

Beim Anfordern von Behältern genügt z. B. die Angabe: „Sendet *x* H5 und *x* H3."

4

## A. GEBRAUCH VON SPRENGSTOFFEN.

Kleine Gruppen angriffslustiger Männer greifen den Feind am besten mit Sprengstoffen an. Ungeheurer Schaden kann mit kleinen Mengen verursacht werden. Bei genauer Befolgung der in diesem Merkblatt gegebenen Anweisungen kann selbst jemand, der nicht mit dem Umgang von Sprengstoffen vertraut ist, den Feind dort treffen, wo er ihm den empfindlichsten Schaden zufügt.

Was ist Sprengstoff?

Sprengstoff ist eine Masse, die zur Explosion gebracht werden kann. Es gibt mehrere Arten. Die mit diesem Merkblatt gelieferten Sprengstoffe sind die wirkungsvollsten und eignen sich besonders zum Durchschlagen von Metallen.

Um diese Sprengstoffe in grösseren Mengen ungefährlich hantieren zu können, sind sie so unempfindlich wie möglich gemacht worden. Sprengstoffe sind aber immer vorsichtig zu behandeln. In gutem Zustand können sie weder durch Fall Stoss noch Feuer zur Explosion gebracht werden.

Die Zündung von Sprengstoffen.

Da die Sprengstoffe unempfindlich sind, bedarf es einer besonderen Erschütterung, um sie zur Explosion zu bringen. Um diesen Vorgang sicher zu machen, wird diese Erschütterung in zwei Phasen eingeteilt:

(a) die Sprengpille,

(b) die Sprengkapsel.

Die Sprengpille besteht aus einer kleinen Menge Sprengstoff, empfindlicher als die eigentliche Sprengladung, aber weniger empfindlich als die Sprengkapsel, die einen höchstempfindlichen Sprengstoff in einer Metallhülse enthält.

Die Sprengkapsel wird durch Feuer zur Zündung gebracht, und um das ohne persönliche Gefahr durchführen zu können, wird dazu eine langsam brennende Zündschnur geliefert, die mit einem Streichholz oder einem anderen Zündmittel angesteckt werden kann.

Um Sprengstoff zu explodieren, braucht man daher:

(1) Flamme oder Funken,

(2) Zündschnur,

(3) Sprengkapsel,

(4) Sprengpille,

(5) Sprengstoff.

### 1. DER SPRENGSTOFF.

Die folgenden zwei Sprengstoffe werden in der Regel geliefert:

(a) „Plastic" Sprengstoff,

(b) „Nobel 808".

Sollten andere Sorten an ihrer Stelle geliefert werden, so wird diesen eine besondere Gebrauchsanweisung beigefügt. Es ist daher zu beachten, dass die nachfolgenden Anweisungen lediglich für „Plastic" und „Nobel 808", nicht aber für andere Sprengstoffe, die vielleicht an Ort und Stelle beschafft werden können, gelten.

(a) PLASTIC SPRENGSTOFF (Nr. 1). (ABBILDUNG 1).

Dieser ist gelblich und wird in Zellophan eingewickelten Patronen von 112 gr. oder in Wachspapier von 224 gr. geliefert. Manchmal wird Plastic auch in 2.3 kg. Stücken oder in bereits gebrauchsfertigen Sprengladungen geliefert. (Siehe Teil C, Abschnitt 6.)

Plastic ist ein ausserordentlich starker Sprengstoff, ohne Gefahr zu hantieren, kann leicht in jede benötigte Form geknetet werden und hat keinerlei gesundheitsschädliche Wirkung. Er kann auch nicht durch den Einschlag einer Gewehrkugel zum Explodieren gebracht werden.

Es kann sein, dass sich Plastic bei Kälte schlecht kneten lässt. Das kann dadurch vermieden werden, dass man die Patronen in der Hosentasche anwärmt, bis sie weich werden.

Um diesen Sprengstoff in Benzin oder Öl benützen zu können, muss er wasser dicht gepackt werden, da diese Flüssigkeiten zersetzend auf ihn einwirken.

b) NOBEL 808 (Nr. 2). (ABBILDUNG 2).

Dieser Sprengstoff ist bräunlich, gummiartig und wird in Rollen von 112 gr. geliefert. Er riecht stark nach Mandeln. Er ist ebenfalls höchst wirkungsvoll und besonders zum Durchschlagen von Metallen geeignet.

Der Sprengstoff muss in engste Berührung mit dem zu zerstörenden Gegenstand gebracht werden, und zu diesem Zwecke kann man ihn schneiden, um eine glatte Fläche zu erhalten. Man benütze das Messer, als ob man einen Kuchen zerschneidet und vermeide dabei jede sägende Bewegung.

808 kann ebenfalls geknetet werden, muss aber vorher für eine viertel bis halbe Stunde unter der Achselhöhle angewärmt werden. Man lege ihn nie vor ein offenes Feuer. Er kann auch weich gemacht werden, indem man ihn in eine Blechbüchse legt, die von heissem Wasser umgeben ist. Der Wasserbehälter darf nicht direkt über eine Flamme gehalten werden. Man sollte den Sprengstoff nicht zu lange mit blossen Händen anfassen, weil man sonst Kopfschmerzen bekommt.

808 muss so trocken wie möglich gelagert und darf keinen zu hohen oder zu niedrigen Temperaturen ausgesetzt werden.

2. DIE SPRENGPILLE (Nr. 3). (ABBILDUNG 3).

Die Sprengpille ist eine kleine Menge von empfindlicherem Sprengstoff in Stöpselform. Ein Bohrloch in der Mitte dient zur Aufnahme der Sprengkapsel (siehe nächster Abschnitt).

Die Sprengpille muss in engste Berührung mit dem eigentlichen Sprengstoff gebracht werden. Die Sprengkapsel soll so in das Bohrloch der Sprengpille eingeführt werden, dass sie nicht am anderen Ende herauskommt, sondern kurz davor bleibt (Abb. 10). Sollte die Sprengkapsel zu locker sitzen, so kann man sie mit Hilfe eines Grashalmes oder ähnlich festklemmen. Die Sprengpille muss stets trocken gehalten werden. Sie ist mit einer wasserdichten Hülle versehen, die nicht beschädigt werden darf.

Zwischen der Sprengpille und dem Objekt muss stets Sprengstoff sein.

3. DIE SPRENGKAPSEL (Nr. 4). (ABBILDUNG 4).

Diese ist eine kleine Hülse, die bis zur Hälfte mit hochempfindlichem Sprengstoff gefüllt ist. Sie ist an einem Ende offen. Sie kann mit Sicherheit hantiert werden, solange die notwendige Vorsicht ausgeübt wird. Sie entwickelt genügend Schlagkraft, um eine Sprengpille zum Platzen zu bringen. Die Sprengkapsel selber wird durch einen Funken gezündet.

Während der Lagerung muss das Innere der Sprengkapsel gegen Feuchtigkeit geschützt werden. Manchmal werden sie mit Sägemehl gepackt, welches vor Gebrauch vorsichtig ausgeklopft werden muss.

4. DIE BICKFORD SICHERHEITSZÜNDSCHNUR (Nr. 5). (ABBILDUNG 5).

Dies ist eine langsam brennende Zündschnur, die mit einer Geschwindigkeit von 1 cm in der Sekunde brennt. Nachdem sie durchgebrannt ist, springt am Ende ein Funke auf die Sprengkapsel über und bringt diese zur Explosion.

Zündschnur ist leicht erkennbar an ihrer schwarzen Pulverfüllung. Man schneide die angemessene Länge Zündschnur ab und stecke ein Ende mit Vorsicht so weit wie möglich in die Sprengkapsel. Dann klemme man das offene Ende der Sprengkapsel an der Zündschnur fest. Dazu können entweder die KLEMMZANGE (Nr. 6) oder die Zähne benützt werden. (Abb. 6, 7, 8, 9.)

Die Zündschnur ist wasserdicht und brennt unter Wasser, die abgeschnittenen Enden jedoch sind sehr empfindlich gegen Feuchtigkeit. Zündschnurrollen müssen an trockenen Plätzen aufgehoben werden. Vor Gebrauch jeder Rolle schneide man 15 cm ab, falls die Füllung feucht geworden ist. Ein weiteres Stück muss auf Brenngeschwindigkeit geprüft werden.

**5. Zündmittel (zum Anzünden von Sicherheitszündschnur).**

(a) „FUSEE"-STREICHHOLZ (Nr. 7).

Dieses Streichholz brennt ohne Flamme und kann mit einer gewöhnlichen Streichholzschachtel oder REIBFLÄCHE (Nr. 8) angezündet werden. Es brennt an der Seite und nicht am Ende.

Man schneide die Zündschnur schräg, wodurch eine grössere Fläche der Pulverfüllung freigelegt wird (Abb. 11).

**(b) Gewöhnliches Streichholz.**

Man presse die Streichholzkuppe gegen die Füllung der Zündschnur und reibe die Schachtel über das Streichholz (Abb. 12).

(c) REIBZÜNDHÜLSE (Nr. 9).

Diese besteht aus einer kleinen Kupferhülse mit einer Streichholzkuppe am Ende. Man stecke sie über das Ende der Zündschnur und klemme sie fest. Zu diesem Zweck muss die Zündschnur gerade abgeschnitten werden (Abb. 13).

Zum Anzünden wird eine Reibfläche oder Streichholzschachtel benötigt.

(d) DER ZUGZÜNDER (Nr. 10). (ABBILDUNG 15).

Dies ist ein einfacher Mechanismus, der zum Anzünden von Zündschnur und zur Herstellung von Sprengfallen geeignet ist. Er hat eine Klemmhülse (1) an einem Ende zum Anbringen der Zündschnur und eine herausziehbare Öse am anderen Ende (2). Der Sicherungsstift (3) verhindert einen verfrühten Aufschlag des Schlagbolzens auf das Zündhütchen am unteren Teil des Zugzünders. Um den Zugzünder auszulösen, entferne man den Sicherungsstift (3) und ziehe die Öse (2) heraus.

Die Verwendung des Zugzünders als Sprengfalle wird später in diesem Merkblatt behandelt (siehe Teil H).

**Herstellung einer einfachen Sprengladung.**

Eine Sprengladung besteht aus zwei Hauptteilen

(a) Die Sprengstoffladung,

(b) Das Zündsystem.

Die Sprengstoffladung besteht aus der benötigten Menge Sprengstoff mit einer eingebetteten Sprengpille.

Das Zündsystem besteht gewöhnlich aus der Sprengkapsel, der Zündschnur und dem Zündmittel.

Die zwei obengenannten Hauptteile sollten getrennt voneinaner gehalten werden, bis die Sprengladung angebracht und explosionsbereit ist. Erst dann füge man die Sprengkapsel ein und zünde an.

**7. Wasserdichtes Zündsystem.** **(Abbildung 16 und 17).**

Um die Reibzündhülse trocken zu halten, benütze man einen BALLON (Nr. 11), schneide 1 cm Reibfläche ab (1) und stecke diese in den Ballon hinein (2). Man schneide den Gummiring (3) an der Ballonmündung ab. Dann stecke man die Reibzündhülse (4) in den Ballon hinein und binde den Ballonhals mit einem Stück KLEBBAND (No. 12) (6) fest um die Zündschnur (5). Dann schlüpfe man den Gummiring über den Ballon und ziehe ihn zwischen Reibfläche und Reibzündhülse so zusammen, dass Reibung zwischen beiden Teilen verhindert wird.

Zum Zünden entferne man den Gummiring und streiche die Reibfläche innerhalb des Ballons über die Reibzündhülse.

## B. GLEICHZEITIGES ZÜNDEN MEHRERER SPRENGLADUNGEN.

Im Falle, dass gleichzeitige Zündung zweier oder mehrerer Sprengladungen erforderlich ist, müssen dieselben miteinander verbunden werden. Für diesen Zweck ist CORDTEX (Nr. 13) vorgesehen. Dies ist eine aus Sprengstoff bestehende Schnur und kann nur durch eine Sprengkapsel, n i c h t aber durch Zündschnur oder andere Zündmittel gesprengt werden.

Die Sprengschnur ist an ihrer weissen Füllung zu erkennen. Die äussere Hülle ist wasserdicht, aber die offenen Enden werden von der Nässe angegriffen und müssen daher immer mit KUPFERDICHTUNGSKAPPEN (Nr. 14) versehen werden. Cordtex kann ohne Gefahr mit dem Messer geschnitten werden.

**1. Anwendung von Cordtex.**

Cordtex hat drei Hauptverwendungen :

(a) Um mehere Sprengstoffladungen miteinander zu verbinden.

(b) Um es zu ermöglichen, Sprengladungen an unzugänglichen Stellen zur Explosion zu bringen.

(c) Als Sprengpillenersatz.

**(a) Die Verbindung von Sprengladungen.**

Diese wird ausführlich in Teil C, Abschnitt 8 erklärt.

**(b) Herstellung von Sprengladungen mit Cordtex.**

Diese wird ausführlich in Teil C erklärt. Eine einfache Methode ist in Abbildung 20 dargestellt.

**c) Als Sprengpillenersatz.**

Wenn Sprengpillen unerhältlich sind, kann Cordtex als Ersatz verwendet werden. Man muss dazu einen besonderen Knoten binden, der den Platz der Sprengpille einnimmt. (Siehe Abb. 18 und 19.)

**2. Die Sprengung von Cordtex.**

Die Sprengkapseln sollen an die Cordtex mit Klebband befestigt werden, sodass das geschlossene Ende in Richtung der Ladung liegt. Sie sollten stets mindestens 10 cm von dem freien Ende der Cordtex befestigt werden.

Abbildung 20:

1. Cordtex,
2. Sprengkapsel,
3. Klebband,
4. Sprengpille,
5. Ladung,
6. Dichtungskappe.

**3. Vorsichtsmassregeln bei Gebrauch von Cordtex.**

(a) Cordtexverbindungen dürfen sich niemals kreuzen (Abb. 21). Verbindung C ist falsch angebracht und wird bei Sprengung durchgeschnitten, wodurch Ladung C nicht explodiert.

(b) Alle Verbindungen müssen in gleicher Richtung laufen (Abb. 22). Verbindung C ist falsch angrebracht und Sprengladung C wird nicht explodieren.

(c) Verbindungen dürfen nicht in spitzen Winkeln angelegt werden.

(d) Um sie vor Feuchtigkeit zu schützen, müssen alle Cordtexenden mit den dazu vorgesehenen Kupferdichtungskappen versehen werden.

**C. WIEVIEL SPRENGSTOFF MAN VERWENDEN SOLL UND WIE MAN LADUNGEN VORBEREITET.**

Erfahrung hat gezeigt, dass es wesentlich ist, sich auf eine kleine Anzahl von Ladungen zu beschränken und zu lernen, was man mit ihnen ausrichten kann:

Folgende Ladungen sind für eine grosse Anzahl von Angriffszielen geeignet:

(1) Die ½-Pfund Klettenladung.

(2) Die 1-Pfund Universalladung.

(3) Die 1½-Pfund Ladung.

(4) Die 3-Pfund Ladung.

(5) Die Schienenladung.

Die Klettenladung und die Universalladung werden in gebrauchsfertigem Zustand geliefert. Die anderen Ladungen können aus Sprengstoffen selbst hergestellt werden. Die 1½-Pfund Ladung und die Schienenladung werden in manchen Fällen auch fertig geliefert, unterscheiden sich aber von den anderen dadurch, dass sie biegsam und nicht in einem festen Behälter eingeschlossen sind.

Die fertiggelieferte 1½-Pfund Ladung und die Schienenladung werden später beschrieben.

1. DIE ½-PFUND KLETTENLADUNG (224 gr.) (Nr. 15). (ABBILDUNG 23

Diese besteht aus einem mit Sprengstoff gefüllten Bakelitbehälter (1). An der Unterseite sind Magnete (2) angebracht. Eine Sprengkapsel kann durch die Öffnung (3) am oberen Ende des Behälters in die Sprengpille eingeführt werden, welche in der Sprengstoff-Füllung eingebettet ist.

Beim Anbringen der Ladung soll man darauf achten, dass der den Sprengstoff enthaltende Teil der Klettenladung mit dem Teil des Angriffszieles in Berührung steht, der durchschnitten werden soll.

2. DIE 1-PFUND UNIVERSALLADUNG (448 gr.) (Nr.16). (ABBILDUNG 24).

Diese Ladung ist in einer Metallhülle (1) eingeschlossen, durch deren Mitte ein Metallröhrchen läuft, das an einem Ende mit einem Holzstöpsel (2) abgeschlossen ist. An dem Stöpsel ist eine Feder (3) angebracht. Wenn eine Sprengkapsel in das offene Ende des Metallröhrchens eingeführt wird, verhindert die Feder das Herausfallen derselben und hält sie in der richtigen Lage gegenüber der Sprengpille innerhalb der Ladung (Abb. 25).

Um Universalladungen durch Cordtex miteinander zu verbinden, muss man den Stöpsel herausziehen und die Sprengschnur durch das Metallröhrchen ziehen (Abb. 26).

Ein Ende der Ladung ist mit einem Gewinde (4) versehen, das zur Aufnahme eines Schlagzünders dient. Es wird dadurch ermöglicht, die Ladung im Notfall als Handgranate zu benützen (siehe Teil H, Abschnitt 2).

**3. Die 1½-Pfund Ladung.**

Diese Ladung kann entweder aus Plastic oder 808 hergestellt werden. Die erforderlichen Materialien sind folgende:

(a) Sprengstoff (Plastic oder 808) 672 gr. (1).

(b) Zwei Sprengpillen (2).

(c) Cordtex (3).

(d) GUMMITUCH oder anderer Stoff (Nr. 17) (4).

(e) „BOSTIK" (ein besonderer Klebstoff in Tuben) (Nr. 18) (5). Oder GUMMILÖSUNG (Nr. 19).

Die Ladung wird wie folgt hergestellt:

(I) Man knete 6 Patronen Sprengstoff zu einem Block von ungefähr 5 cm × 5 cm × 15 cm (Abb. 27).

(II) Man halbiere den Block der Länge nach (Abb. 28).

(III) Man schneide zwei Stücke Sprengschnur (1) von ungefähr je 1.50 m Länge ab.

(IV) Man fädle eine Sprengpille (2) auf jedes Stück Sprengschnur, eine von rechts, die andere von links, mit den schmalen Enden der Sprengpillen nach der Mitte zu. Man befestige die Sprengpillen mit Klebband ungefähr 60 cm von dem jeweiligen Ende der Sprengschnur, oder man mache einen Knoten (3) in die Sprengschnur, um das Abgleiten der Sprengpillen von der Schnur zu verhindern (Abb. 29).

(V) Man lege die Sprengschnur mit den beiden Sprengpillen zwischen die beiden Hälften des Sprengstoffblocks, sodass sich je eine Sprengpille mit dem schmaleren Ende nach innen an jedem Ende des Blocks befindet. Dann presse man die beiden Hälften zusammen.

(VI) Man forme den Sprengstoffblock, der nun zwei Sprengpillen und ein Doppelende Sprengschnur an beiden Seiten hat, gemäss den folgenden Ausmassen: 5,5 cm × 4,7 cm × 16 cm.

(VII) Man wickele den Sprengstoff in wasserdichten Stoff, Tuch oder starkes Papier. Man schlage die Enden der Umhüllung sorgfältig ein, indem man einen Spalt oder ein Loch in das Gewebe oder Papier schneidet, durch das die Cordtexenden geführt werden können. Man verklebe die Packung mit Bostik oder Klebband (Abb. 30).

(VIII) Man versiegle die Enden der Cordtex mit Bostik oder einem kleinen Stück Klebband, oder klemme eine Kupferdichtungskappe (4) an.

**4. Die 3-Pfund Ladung.**

Die Herstellungsmethode für diese Ladung ist genau dieselbe wie für die 1½-Pfund Ladung, aber man braucht mehr Sprengstoff. Die Masse sind wie folgt:

| | | |
|---|---|---|
| **Länge** | .. | **26,25 cm** |
| **Höhe** | .. | **5,6 cm** |
| **Breite** | .. | **5,6 cm.** |

**5. Die Schienenladung.**

Dies ist eine mit Cordtex verbundene Doppelladung zum besonderen Zwecke der Entgleisung von Zügen. Ihre Anwendung ist unter der Überschrift „Angriffsziele" beschrieben.

Herstellung:

(I) Man schneide ein 4,50 m langes Stück Cordtex (1) ab.

(II) Man nehme zwei Sprengpillen (2) und knicke die Cordtex in der Mitte ein, sodass zwei Parallellängen entstehen und fädle die Sprengpillen auf eine von ihnen.

(III) Man befestige sie mit Klebband und lasse einen Zwischenraum von etwas über 1 m zwichen den beiden Sprengpillen (Abb. 31).

(IV) Man knete um jede Sprengpille drei Patronen Plastic (insges. 336 gr.) oder 808 und mache daraus eine Ladung, die genau zwischen den oberen und unteren Schienenrand passt (Abb. 32). Zwischen Sprengpille und Schiene muss reichlich Sprengstoff sein.

(V) Man schneide ein kleines Stück Holz (3) und bringe es an der Aussenseite der Ladung an (Abb. 33).

(VI) Dann umhülle man die ganze Ladung mit Gummituch.

6. DIE 1½-PFUND FERTIGGELIEFERTE LADUNG (Nr. 20).
(ABBILDUNG 34).

Diese ist eine Plasticladung und ist in Gummituch gepackt. Die Sprengpillen sind so wie in der Universalladung eingefügt. Sie kann genau wie die Universalladung gebraucht werden. Man kann sie in zwei Hälften von je ¾ Pfund schneiden, die man bei Bedarf sowohl als Schienenladungen als auch für andere Zwecke verwenden kann.

DIE FERTIGGELIEFERTE SCHIENENLADUNG (Nr. 21).

Diese Ladung besteht aus zwei ¾ Pfund Sprengladungen in Gummibeuteln. Die Sprengstoffpatronen liegen lose innerhalb der Umhüllung. Die Ladung hat besondere Vorrichtungen, um das Anbringen derselben zu erleichtern. Diese sind vollständig in Teil D, Abschnitt 3 (f) beschrieben.

**8. Halbierte Ladungen.**

Die 1½-Pfund Ladung, beschrieben in Abschnitt 3, kann leicht in zwei Hälften geteilt werden, um zwei selbständige ¾ Pfund Ladungen zu erhalten (Abb. 35). Sie kann auch so gespalten werden, dass man lediglich durch den Sprengstoff, nicht aber durch die Cordtex schneidet und so zwei Ladungen erhält, die man entlang der Sprengschnur auseinanderziehen kann. Das Klebband an beiden Enden der Ladung muss jedoch entfernt werden (Abb. 36).

**9. Verbindung von Ladungen.**

Die oben beschriebenen Ladungen zerfallen in zwei Arten : Die mit Doppelenden von Cordtex und die mit einzelnen Enden. Die Methode der Verbindung ist jedoch im wesentlichen die gleiche.

(I) Zweigverbindung (Abb. 37).

(II) Durchgehende Hauptverbindung (Abb. 38).

(III) Serienverbindung (Abb. 39).

**10. Das Anbringen von Ladungen.**

Um den grösstmöglichen Schaden anzurichten, muss die Ladung in engster Berührung, unter Ausnützung der gesamten Oberfläche, mit dem Angriffsobjekt sein. Wenn Zwischenräume nicht vermieden werden können, so fülle man sie mit feuchter Erde oder ähnlichem aus.

Man bringe die Ladung so fest wie möglich unter Anwendung einer der folgenden Methoden an:

(a) Klebband.

(b) MAGNETE (Nr. 22). Diese können entweder mit Klebband an der Ladung befestigt oder mit Bostik angeklebt werden. Wenn die Ladung in Gummituch verpackt ist, so nehme man ausser Bostik noch zuzügliche Mittel zum Befestigen.

(c) Bindfaden.

(d) Keile.

Die Ladung und das Zündsystem sollen so lange wie möglich getrennt gehalten werden. Das Zündsystem soll immer in doppelter Ausfertigung vorhanden sein.

**11. Doppelte Zündung.**

Zündsysteme sollen immer paarweise verwendet werden, z.B. sollen immer zwei Sprengkapseln, zwei Längen Zündschnur und zwei Zündmittel benützt werden. Cordtex sollte auch, wo immer möglich, doppelt genommen werden. Dies dient zur Vermeidung von Versagern.

## D. WIE MAN VERSCHIEDENE OBJEKTE ANGREIFT.

Die besten Resultate mit Sprengstoffen werden unter folgenden Bedingungen erzielt:

(1) Wenn das Angriffsobjekt richtig ausgewählt ist.
(2) Wenn die Ladung vorschriftsmässig angebracht ist.
(3) Wenn die Ladung ordentlich hergestellt ist.
(4) Wenn die benötigte Sprengstoffmenge richtig geschätzt wurde.

Es ist nicht möglich, ausführliche Erklärungen in diesem kleinen Merkblatt zu geben. Es kann jedoch in kurzer Zeit genügend Kenntnis über obige vier Punkte erworben werden, indem man fachmännische Beratung sucht und die nachfolgenden Anweisungen befolgt. Diese Anweisungen beschreiben in Kürze, wie man am besten einfache Sprengladungen an die wichtigsten Objekte anlegt.

### 1 Wahl des Objekts.

Bei Auswahl des Objekts sollte man vor allem danach trachten, dass durch die Zerstörung desselben eine lange und empfindliche Unterbrechung der feindlichen Verbindungslinien und des Nachschubs verursacht wird. Fernerhin muss der Schaden so angerichtet werden, dass es lange dauert, Notreparaturen ausführen zu können. Es ist hierbei zu beachten, dass Stahl durch Schweissen viel leichter repariert werden kann als Gusseisen, das durch Explosionen völlig zertrümmert wird. Bei Anwendung von Sprengstoffen auf Maschinen ist es daher vorzuziehen, Gusseisenteile anzugreifen.

Erkennung von Gusseisen:

(I) Gusseisen ist gewöhnlich rauher als Stahl.

(II) Es ist in der Regel dicker.

(III) Bei Gusseisen ist gewöhnlich der Name des Erzeugers mit eingegossen (in erhabenen Buchstaben). Bei Stahl ist der Name des Fabrikanten gewöhnlich auf einem getrennten Schild das auf die Maschine aufgeschraubt ist.

In jeder Fabrik gibt es einige für den Betrieb lebenswichtige Maschinen. Man frage, wenn möglich, jemanden in der Fabrik, welche die wichtigsten sind. Die Mehrzahl der Werkzeugmaschinen lohnt es sich nicht anzugreifen. Hingegen ist es der Mühe wert, die Stromversorgung zu zerstören. Hierbei ist es besser, Transformatoren anzugreifen als Kabel oder Hochspannungsleitungen. Grosse Elektromotoren sind gute Angriffsziele, kleinere dagegen nicht.

Lokomotiven sind empfehlenswerte Objekte, da bereits ein grosser Mangel an Lokomotiven in Europa besteht.

Lastkraftwagen und Güter, wie Munition, Ersatzteile, Autoreifen, Lebensmittel und Bekleidung, Benzin und andere für die Wehrmacht bestimmte Vorräte bieten gute Angriffsziele. Allerdings werden manche von diesen besser durch Feuer zerstört

### 2. Vorschriftsmässiges Anbringen der Ladung.

#### (a) An Maschinen.

(I) Man soll möglichst Maschinen zerstören, während sie laufen, wodurch man grösseren Schaden anrichten kann. Man bringt die Ladung an die Stützen an, die zur Aufnahme eines oder mehrerer Wellenlager dienen (Abb. 40). Diese Träger sind gewöhnlich aus Gusseisen.

(II) Bei stillstehenden Maschinen greife man die grösste Gussfläche an, vorausgesetzt, dass diese aus Gusseisen und nicht aus Gusstahl gemacht ist (Abb. 40).

(III) Werkzeugmaschinen : Man zerstöre einen der Hauptschlitten oder das Getriebe.

(IV) Rohre, Pumpen und andere Behälter aus Gusseisen sind leichter zu zerstören, wenn sie Flüssigkeit enthalten. Stahlkonstruktionen dieser Art sind jedoch schwieriger und sollten nicht angegriffen werden, ohne einen Fachmann zu Rate zu ziehen.

(V) Um grössere Gusseisenstücke anzugreifen (z.B. Tiefdruckzylinder oder grosse Turbinen), verwende man an Stelle einer einzelnen grossen Sprengladung eine Reihe von kleineren und bringe diese in Zwischenräumen von einem halben Meter an dem Objekt an.

(VI) Elektromotore, Dynamos und Generatoren greift man am besten an, wenn sie in Betrieb sind, indem man die Sprengladung an den Wellenlagerstützen anbringt (Abb. 40). Wenn ausser Betrieb, greife man am besten die Ankerwicklung an, und zwar schiebe man die Ladung so tief wie möglich ein. Dies mag bei Wechselstrommotoren nicht möglich sein, und in diesem Fall schiebe man die Ladung durch eine der Rahmenöffnungen auf den Eisenkern innerhalb des Gehäuses. Für grosse Motoren nehme man mehrere Ladungen und lege sie in Zwischenräumen von einem halben Meter an.

(VII) Lokomotiven : Man setze die Ladung auf das hintere Ende des Dampfzylinders, und zwar greife man hier immer den rechten Zylinder an, sodass der Feind nicht einen unbeschädigten von einer anderen Lokomotive zum Auswechseln benützen kann.

**(b) Stahlkonstruktionen.**

(I) Die meisten Stahlkonstruktionen sind aus einzelnen Teilen (Sektionen) zusammengestellt. Um eine Sektion durchzuschneiden, fülle man die Ecken zwischen Flantsche und Verbindungsstück reichlich mit Sprengstoff (Abb. 41).

(II) Bei Angriffen auf in Beton eingebauten Stahlkonstruktionen, wie z.B. die Träger von Kohlenförderern oder Hochspannungsmasten, schneide man die Hauptstahlstruktur so dicht wie möglich am Beton, jedoch über etwaigen Stahlverstärkungen am unteren Ende. Diese Methode erschwert Reparaturen. Um die Stahlstruktur zum Umfallen zu bringen, schneide man eine Länge von anderthalb Metern aus den Hauptstreben an einer Seite heraus.

**3. Angriffsziele und die dafür erforderlichen Sprengladungen.**

Die beste Methode ist, sich im Geiste ein Bild von der Wirkung der verschiedenen Ladungen zu machen. Wenn das Angriffsziel genügend bekannt ist, kann man dann leicht die angemessene Ladung auswählen. Sollte das Ziel unbekannt sein, so nehme man am besten eine kleine Auswahl Ladungen mit und wähle die best geeignete an Ort und Stelle.

Die folgenden Angaben sind sehr knapp gehalten und sollen nur als allgemeine Richtlinien dienen.

**(a) Die ½-Pfund Klettenladung.**

Man kann sie zu folgenden Zwecken gebrauchen:

(I) Sprengung von gusseisernen Pumpen (voller Flüssigkeit) von nicht über 1 Meter Höhe.

(II) Sprengung von Gusseisenrohren bis zu 60 cm Durchmesser, nur wenn mit Flüssigkeit gefüllt.

(III) Sprengung von Dampfzylindern an Lokomotiven.

(IV) Durchschneiden von Winkeleisen.

(V) Zerstörung einer kleinen Wellenlagerstütze von nicht über 15 cm Weite.

(VI) Sprengung von Benzinbehältern an Personen- oder Lastkraftwagen mit gleichzeitiger Entzündung des Benzins. (Eine kleine Ladung von 112 gr. mit Magneten versehen, hat dieselbe Wirkung.)

**b) Die Universalladung oder halbe 1½-Pfund Ladung.**

Die Universalladung, wie der Name sagt, kann zu vielen Zwecken benutzt werden und ersetzt die Klettenladung, wenn diese nicht vorrätig ist. Infolge ihrer steifen Hülle kann sie nicht so gut an abgerundete Oberflächen angeschmiegt werden wie nachgiebigere Ladungen. Ihre Wirkung kann mit der der halben 1½-Pfund Ladung verglichen werden.

Zum Beispiel: Eine Universalladung auf dem Benzintank eines Flugzeuges (gewöhnlich im Flügel) wird diesen durchlöchern und das Benzin in Brand setzen.

**c) Die 1½-Pfund Ladung (beide Typen).**

Diese Ladung zerstört:

(I) Grosse Gusseisenpumpen und Gusseisenrohre bis zu anderthalb Meter Durchmesser (wenn mit Flüssigkeit gefüllt). Wellenlagerstützen, deren schmale Seite nicht länger als die Ladung ist (wenn der Träger breiter als die Ladung ist, so müssen zwei Ladungen benützt werden).

(II) Elektrische Transformatoren, deren lange Seite nicht länger als 1,50 m ist. Man bringe die Ladung in der Mitte der langen Seite, mindestens ein Viertel der Gesamthöhe von unten gerechnet an.

(III) Die Schlitten von grossen Werkzeugmaschinen.

(IV) Elektromotoren mittlerer Grösse: Wenn der Motor still steht, so gebrauche man zwei anderthalb Pfund Ladungen mit einem Zwischenraum von einem halben Meter.

(V) Stahlträger 30 cm × 15 cm.

(VI) Kleinere gusseiserne Schwungräder.

**d) Die 3-Pfund Ladung.**

Diese Ladung zerstört:

I) Grosse gusseiserne Schwungräder.

(II) Elektrische Transformatoren, deren Langweite zwischen 1,50 m und 2 m ist. Bei längeren Transformatoren verwende man zwei oder drei Ladungen und bringe eine in der Mitte, die anderen halbwegs zwischen Mitte und Aussenseite an.

(III) Stahlträger 40 cm × 15 cm.

**(e) Die Schienenladung.**

Die Herstellungsmethode dieser Ladung ist bereits früher beschrieben worden. Man verwende die Ladung im Zusammenhang mit zwei KNALLSIGNALEN (Nr.23), welche mit je einer Klemmhülse (1) zur Aufnahme der Sprengkapsel (2) versehen sind. Die Cordtexenden (3) der Ladung müssen mit Klebband (4) an die Sprengkapseln angebracht werden (Abb. 42).

Die ganze Ladung muss an der Aussenseite angesetzt werden (Abb. 43), die Knallsignale an der Seite, von der der Zug erwartet wird. Sollte die Linie aus zwei Schienensträngen bestehen, so bringe man die Ladung an der inneren Schiene an, so dass der Zug beim Entgleisen beide Gleise zerstört (Abb. 44).

Die besten Stellen für Entgleisungen sind Tunnels oder Einschnitte, weil diese sehr hinderlich für Aufräumungsarbeiten sind.

**f) Die fertiggelieferte Schienenladung.**

Diese Ladung ist bereits in Teil C, Abschnitt 7 beschrieben worden. Sie ist für sofortige Verwendung gebrauchsfertig. Das Knallsignal (1) und die Sprengkapsel (2) sind getrennt verpackt, und eine besondere Klemmhülse (3) ist vorgesehen, um die Cordtex mit der Sprengkapsel zu verbinden. Die Verwendung von Klebband ist unnötig (Abb. 45).

Das offene Ende der Klemmhülse wird einfach über die Sprengkapsel geschoben, bis das Ende der Sprengkapsel mit der Kupferdichtungskappe (5) der Cordtex in Berührung gerät.

Zur besonderen Beachtung:

Die Klemmhülsen an den Knallsignalen mit den eingeklemmten Sprengkapseln müssen immer nach aussen zeigen, damit der Zug im Vorüberfahren sie nicht abtrennt indem die Radflantschen die Cordtex durchschneiden.

## E. ZEITZÜNDUNG (VERZÖGERUNG).

Wer Brandbomben oder Sprengladungen zu legen hat, wird normalerweise den Wunsch haben, den Schauplatz seiner Tat zu verlassen, bevor dieselben losgehen. Zu diesem Zwecke soll man sie mit einer Verzögerungsvorrichtung versehen.

Die dazu gelieferte Vorrichtung ist:

DER STIFTZEITZÜNDER (Nr. 24). (ABBILDUNG 46).

Dieser arbeitet durch die Zerstörungswirkung einer Flüssigkeit auf einen Draht. Wenn der Draht durchgefressen ist, wird ein mit einer Feder versehener Schlagbolzen freigegeben und durch die Feder auf ein Zündhütchen aufgeschlagen. Der Stiftzeitzünder sieht einem Bleistift ähnlich. Ein Ende besteht aus einer Kupferröhre (1). Am anderen Ende ist eine Klemmhülse (2). Der Zersetzungsprozess geht in der Kupferröhre vor sich. Das Zündhütchen befindet sich innerhalb der Klemmhülse. Durch das Feuern des Zündhütchens wird eine Sprengkapsel (3) oder ein Stück Zündschnur innerhalb der Klemmhülse entzündet.

**Gebrauchsanweisung.**

(I) Man stelle fest, ob der Stiftzeitzünder in Ordnung st, indem man durch die Prüfungslöcher (4) blickt. Man muss klar durch beide Löcher sehen können. Wenn man nicht durchsehen kann, darf der Stiftzeitzünder nicht benützt werden.

(II) Man verbinde den Stiftzeitzünder mit der Sprengkapsel oder der Zündschnur, je nachdem welche von beiden verwendet werden soll, indem man einfach das offene Ende der Sprengkapsel oder das Ende der Zündschnur so weit wie möglich in die Klemmhülse hineinschiebt. Die Klemmhülse verhindert die Sprengkapsel oder die Zündschnur am Herausfallen.

(III) Man verbinde die Zündschnur oder die Sprengkapsel mit der Brandbombe oder der Sprengladung, wie bereits beschrieben.

(IV) Um den Zeitzünder auszulösen, drücke man die Kupferröhre vorsichtig mit der Hand ein. Man presse mit den Fingern und Daumen beider Hände, ohne jedoch die Kupferröhre zu verbiegen, da sonst der Draht vorzeitig durchbrechen könnte. (Abb. 47, 48 und 49.)

(V) Während all dies geschieht, kann der Stiftzeitzünder nicht zünden, da der Sicherungsstreifen (5) ihn daran verhindert. Dieser Streifen befindet sich unterhalb der Prüfungslöcher im Mittelstück. Man kann ihn herausziehen, indem man ein Ende gerade biegt.

(VI) Der Stiftzeitzünder wird nach einer bestimmten Zeit zünden, nachdem er gedrückt worden ist. Die Dauer der Verzögerung ist durch die Farbe des Sicherungsstreifens angegeben:

Rot = ½ Stunde.
Weiss = 2 Stunden.
Grün = 5½ „
Gelb = 12 „
Blau = 24 „

Diese Zeiten sind annähernd, da sie auf eine Temperatur von 20 Grad Celsius abgestellt sind.

Wenn es kälter ist, so werden die Verzögerungszeiten länger, und bei wärmerer Temperatur, kürzer.

Den Sicherungsstreifen soll man nicht zurücklassen, da dies sonst den Feind über die Verzögerung unterrichten könnte.

## F. BRANDSTIFTUNG.

Um Brandstiftungen mit selbsthergestellten oder fertiggelieferten Brandmitteln bewerkstelligen zu können, sollen nach Möglichkeit die folgenden Regeln beachtet werden:

(1) Man benütze soviel wie möglich leichtbrennende Stoffe, wie dünnes trockenes Holz, Papier, Vorhänge und Ähnliches.

(2) Ölgetränkte Lappen, Baumwollabfälle, Säcke u.s.w. sind besonders brauchbar als „Docht" zur Aufrechterhaltung der Flamme.

(3) Reichliche Luftzufuhr ist erforderlich. Türen und Fenster sollen nach Möglichkeit geöffnet werden (aber es ist dabei zu beachten, dass nachts die Verdunkelung nicht entfernt wird, da sonst das Feuer frühzeitig entdeckt werden könnte). In mehrstöckigen Gebäuden lege man das Feuer in der Nähe von Treppenhäusern oder Fahrstuhlschächten an, vorausgesetzt, dass genügend brennbares Material vorhanden ist. Der Luftzug sollte in Richtung des wichtigsten Teiles des Angriffsobjektes gerichtet werden. Windiges Wetter ist unbedingt günstig.

(4) Es ist besser, das Feuer an senkrechten Flächen anzulegen, sodass es nach oben brennt, als an wagerechten Gegenständen.

Die folgenden Spezialbrandmittel, welche entweder mit Zeitzündung (Verzögerung) oder für sofortige Zündung verwendbar sind, sind in Brandstiftungsbehältern vorrätig:

1. DER „FEUERTOPF" Mk. IA (Nr. 25). (ABBILDUNG 50).

Dies ist eine Magnesiumbrandbombe mit Thermitfüllung. Bei der Zündung derselben entsteht eine intensive Flamme mit Sprühregen für ungefähr 8 Sekunden wonach die Bombe für ungefähr 10-15 Minuten langsam weiterbrennt.

Um die Bombe vor Feuchtigkeit zu schützen, ist sie mit einem Blechdeckel (1 versehen, der mit Klebband (2) befestigt ist.

Vor Gebrauch der Bombe reisse man das Klebband (2), welches den Deckel (1) festhält, ab, und nehme den Deckel herunter. (Abb. 51.)

In der Mitte des oberen Endes der Bombe befindet sich eine Streichholzkuppe (3) und zwei kurze Stücke Zündschnur (4) sind um die Seite gewickelt. Für sofortigen Gebrauch nehme man die Reibfläche (5) vom unteren Ende der Bombe nach Ablösung des Klebbandes (6) ab, und reibe dieselbe über die Streichholzkuppe (3). (Abb. 52.)

Für kurze Verzögerungen schneide man je 1 cm von den beiden freien Zündschnurenden ab und bringe je eine Reibzündhülse daran an. Für längere Verzögerungen bringe man einen „Stiftzeitzünder" an jedem Ende an.

Der Feuertopf ist eine nützliche Brandbombe für allgemeine Verwendung und wird alle leichtbrennenden Stoffe ohne weiteres in Brand setzen, aber er hat nicht dieselbe Durchschlagskraft wie die nachfolgend beschriebene 2½-Pfund Thermitbombe.

Der Mk. 1 Feuertopf ist im wesentlichen identisch mit dem Mk. 1A, nur dass er nicht mit Blechdeckel und Streichholzkuppe versehen ist.

2. DIE 2½-PFUND THERMITBOMBE (Nr. 26). (ABBILDUNG 53).

Diese besteht aus einer mit Thermit gefüllten schwarzen Blechbüchse. Man nehme den Deckel nach Entfernung des Klebbandes ab.

Die Bombe kann entweder durch Reibzündhülsen, welche an der Bickford-Zündschnur angebracht sind, angezündet werden, oder diese können entfernt und durch Stiftzeitzünder ersetzt werden.

Eine längere Verzögerung kann auch bewerkstelligt werden, indem man die Kappe und die Bickford-Zündschnur herausnimmt und eine längere Zündschnur in den Zündbehälter einführt.

Die Bombe brennt schnell mit starker Flamme unter Erzeugung intensiver örtlicher Hitze und durchdringt leichte Stahlplatten bis zu 8 mm Dicke.

e findet in der Hauptsache folgende Verwendung:

(I) Zum Verbrennen von Benzin und anderen leicht entzündlichen Ölen in geschlossenen Behältern, wie z.B. aufgestapelte Heeresbenzinbehälter.

(II) Zum Angriff auf schwierige, nicht entzündliche Objekte aus gepresstem Material, im Zusammenhang mit anderen Brandmitteln.

(III) Zur Zerstörung z.B. von Telephonkabeln, Elektromotoren usw.

3. DER BRANDBLOCK (Nr. 27). (ABBILDUNG 54).

Der Brandblock besteht aus einem wasserdichten, durchsichtigen Gehäuse (1), welches die Brandsubstanz enthält. Diese wiederum besteht aus zwei Teilen (2). Die untere Hälfte enthält eine Sauerstoff erzeugende weisse Masse. Diese muss immer direkt mit dem Objekt in Berührung gebracht werden. Um diese Regel in der Dunkelheit ausführen zu können, ist eine erhöhte Rippe (3) auf dem oberen Teil des Gehäuses angebracht. Diese Rippe muss immer oben sein, wenn der Block an dem Objekt befestigt wird.

Um den Block anzuzünden, reisse man den Streifen (4), der die doppelten Zündschnurenden überdeckt, ab, öffne den Zündbehälter und ziehe die Enden (5) heraus (Abb. 55). Diese sind mit Reibzündhülsen versehen, welche mit einer Reibfläche zur Zündung gebracht werden können.

Die Reibzündhülsen können abgeschnitten und durch Stiftzeitzünder ersetzt werden.

Der Brandblock ist besonders geeignet für das Durchbrennen von Holz, wie z.B. Kistendeckel. Im Anfangsstadium brennt er ein Einlassloch für die nachfolgende Masse der oberen Blockhälfte, welche in brennendem und geschmolzenem Zustand in die Kiste eindringt und den Inhalt in Brand steckt. Der Brandblock durchdringt eine Maximaldicke von 19 mm Holz.

Der Block ist ein für allgemeine Zwecke verwendbares Brandmittel, soweit er vorsichtig mit geeignetem Brennmaterial in Berührung gebracht wird. Geeignete Objekte sind Fussböden, Zimmerdecken, Scheunen, Abladeschuppen, Laggerräume (in denen der Block zwischen Kisten verborgen werden kann), Holzlager, Güterwagen und Heuschober.

Der Block brennt auch in abgeschlossenen Räumen.

Bei Anwendung auf flüssige Brennstoffe (Öle) wickele man den Block in Sacktuch, und im Falle einer Überflutung binde man ihn auf ein kleines Floss, damit er auf dem Öl oder Petroleum schwimmt.

4. ZEITBRANDBOMBE, TASCHENFORMAT (Nr. 28). (ABBILDUNG 56).

Dies ist eine Brandpackung mit Zeitzündung.

Die Brandsubstanz befindet sich in den zwei äusseren Abteilungen. In der mittleren Abteilung befindet sich ein dem Stiftzeitzünder ähnlicher Mechanismus.

Bei Gebrauch ist zu beachten:

(a) Man reisse die Zellophanhülle ab, welche den Schlitz (1) an der Vorderseite bedeckt. In diesem Schlitz befindet sich ein farbiges Holzstückchen (2), das zur Sicherung dient. Sollte dieses Holzstückchen festgeklemmt sein, so ist der Mechanismus nicht in Ordnung und die Bombe darf nicht benützt werden. Wenn der Mechanismus in Ordnung ist, so fällt das Holzstückchen heraus. (Abb. 57.)

(b) Man drücke eine Münze (3) oder die Rückseite vom Taschenmesser fest in den Schlitz, bis man die Glasampulle innerhalb der Kupferhülse brechen hört. (Abb. 58.)

Die Zeitzündung ist damit eingestellt.

Die Farbe der Holzstückchen gibt die Zeit der Verzögerung an in derselben Reihenfolge wie bei dem Stiftzeitzünder.

Die Zeitbrandbombe, Taschenformat, brennt intensiv für ungefähr 50 Sekunden. Sie muss daher in engste Berührung mit feuerempfindlichen Stoffen gebracht werden. Wenn sie an eine mit Benzin oder Petroleum gefüllte Flasche angebracht wird, so zerbricht die brennende Bombe das Glas geräuschlos und verursacht ein beträchtliches Feuer, welches für einige Zeit brennt. (Abb. 59.)

**5. Verbindung von Brandbomben.**

Zu diesem Zweck wird eine besondere SCHNELLSCHNUR (Nr. 29) geliefert. Diese Schnur hat wie die gewöhnliche Zündschnur eine schwarze Pulverfüllung, aber sie kann leicht von der Zündschnur unterschieden werden, da sie eine orangefarbene Hülle hat. Diese Schnellschnur darf keinesfalls direkt angezündet werden, sei es mit Streichhölzern oder Reibzündhülsen oder Fusees, sondern nur mit Stiftzeitzündern Zugzündern oder Sicherheitszündschnur.

Zum Verbinden von Feuertöpfen oder 2½ Pfund Thermitbomben:

(I) Man schneide die erforderliche Länge Schnellschnur ab.

(II) Man verteile die Brandbomben in den gewünschten Zwischenräumen entlang der Schnellschnur.

(III) Man lege die Schnellschnur auf die verschiedenen Brandbomben und und schneide eine Kerbe (1) in die Schnellschnur, da, wo sie sich mit den Zündschnurenden auf der Bombe kreuzt. Man lege dabei ungefähr 5 mm der schwarzen Pulverfüllung bloss. Bei dem Feuertopf schneide man eine dritte Kerbe für die Streichholzkuppe (2). (Abb. 60 und 61.)

(IV) Wo die Schnellschnur die Zündschnur kreuzt, schneide man gleichfalls eine Kerbe in die Zündschnur (indem man ebenfalls 5 mm der schwarzen Pulverfüllung blosslegt). Man schneide die Hülle der Schnur vorsichtig mit einem Messer ab.

(V) Man vereinige Schnellschnur und Zündschnur mit Klebband, sodass die blossgelegten Füllungen miteinander verbunden sind.

(VI) Bei dem Feuertopf befestige man ferner die Schnellschnur an der Streichholzkuppe mit Klebband.

(VII) Man wiederhole diesen Vorgang bei jeder einzelnen Bombe, bis sämtliche Brandbomben durch die Schnellschnur miteinander verbunden sind.

## G. DIE LIMPET-UNTERWASSERLADUNG (Nr. 30).

Diese ist eine Sprengladung zum Angriff auf Schiffe oder Leichter von aussen unterhalb der Wasserlinie.

1. Die Limpet-Unterwasserladung. (Abbildung 62).

Die Ladung ist in einem länglichen Metallgehäuse (1) eingeschlossen und hat eine Reihe von Magneten (2) an beiden Seiten. Lochgewinde (3) an beiden Enden ermöglichen die Aufnahme des Zündsatzes. Wenn das Gehäuse leer geliefert wird, schraube man die grosse Metallkappe (4) am Ende desselben ab und fülle es mit Sprengstoff. Die beste Füllung ist Plastic oder 808 (letzteres soll in das Gehäuse hineingeknetet und mit einer Sprengpille versehen werden, da die Zündschraube allein die Ladung nicht mit ihrer Höchstgeschwindigkeit zur Explosion bringt). Auf dem Gehäuse befindet sich ein Henkelaufsatz (5), der zur Aufnahme des Anlegestabes dient. Die Löcher am Ende des Gehäuses sind mit Holzstöpseln versehen, deren Zweck in Abschnitt 5 dieses Teils beschriebem wird.

Die Ladung wird mit Hilfe eines Zeitzünders zur Explosion gebracht. Dieser st als A.C.-Zeitzünder bekannt, der die Zündschraube detoniert.

2. DER A.C.-ZEITZÜNDER (Nr. 31).

Dieser Unterwasserzeitzünder wird in Blechschachteln geliefert. Er besteht aus drei Teilen:

(a) Gehäuse (1). Dieses enthält einen Schlagbolzen mit Feder und hat einen abschraubbaren Oberteil (2). Ein Sicherungsstift (3) geht durch den Schraubkolben (4). (Abb. 63.)

(b) Zündschraube (5), mit eingebautem Zündhütchen (6). (Abb 64).

(c) Glasampulle (7). 6 Glasampullen sind vorgesehen, jede mit einer verschiedenfarbigen klaren Flüssigkeit gefüllt.

Um den A.C.-Zeitzünder zusammenzusetzen

(a) schraube man den Oberteil (2) ab;

(b) führe eine Ampulle (7) ein mit der Spitze nach unten;

(c) schraube den Oberteil (2) wieder ein;

(d) schraube die Zündschraube (5) an.

Genaue Vorschriften sind in Abschnitt 5 zu finden.

Die Dauer der Verzögerung ist aus der Farbe der Flüssigkeiten in den Ampulle ersichtlich. Bei 15 Grad Celsius sind die Zeiten ungefähr wie folgt:

Rot = 4½ Stunden

Orange = 7½ ,,

Gelb = 15 ,,

Grün = 26 ,,

Blau = 42 ,,

Violett = 5½ Tage.

Eine vollständige Tabelle, die die Zeiten der Verzögerungen bei verschiedenen Temperaturen angibt, ist der Schachtel beigefügt.

**3. Anweisungen für den Gebrauch der Limpet-Unterwasserladung.**

Die Limpets sind für den Angriff auf Schiffe, Leichter oder Stahlkähne gedacht. Sie bleiben an den Metallplatten eines Schiffes haften und sollten mehr als einen Meter unterhalb der Wasserfläche angebracht werden. Für diesen Zweck ist der unten beschriebene Anlegestab äusserst nützlich.

Die Limpet-Unterwasserladung bleibt bei ruhigem Seegang an der Seite eines sauberen Schiffes haften (d.h. eines Schiffes, das nicht dicht mit Algen bedeckt ist), selbst wenn das Schiff eine Geschwindeigkeit von 10 Knoten hat. Bei einem mit Algen bewachsenen Schiff oder bei hohem Seegang kann man sich nicht darauf verlassen, dass die Ladung haften bleibt. Manche Algen können in tieferem Wasser nicht existieren und können unter Umständen vermieden werden, indem man die Ladung tiefer anbringt.

Bei der Auswahl der zur Anbringung der Ladungen bestgeeigneten Stellen sollen vor allem die in Betracht gezogen werden, bei denen ein Schiff schneller sinkt, wenn der betreffende Teil geflutet wird. Es hängt allerdings auch davon ab, was für eine Fracht das Schiff führt. Wenn es sich um Baumwollballen oder ähnliche Sperrgüter handelt, so ist die Wahrscheinlichkeit des Flutens dieses Raumes gering. Andererseits werden Eisenerz oder ähnliche Minerale, die einen verhältnismässig geringen Raum verglichen mit Sperrgütern des gleichen Gewichtes einnehmen, eine Überflutung leicht gestatten. (Abb. 65, 66, 67.)

Der Maschinenraum ist eine geeignete Stelle, vorausgesetzt, dass keine Bunker zwischen demselben und der Schiffswand sind. Grosse Fracht- und Passagierschiffe haben wasserdichte Schotten zwischen den Räumen und daher ist mehr als eine Ladung erforderlich, um ein solches Schiff zu versenken. Bei grösseren Schiffen sollen auch die vorderen Lagerräume und die andere Seite des Schiffes angegriffen werden. Der Maschinenraum ist gewöhnlich unterhalb oder in der Nähe des Schornsteins.

**4. Verbindung von Limpet-Unterwasserladungen.**

Wenn mehrere Limpets an einem Schiff angebracht werden, so müssen diese mit Sprengschnur verbunden werden, da sonst die Explosionswirkung der ersten Ladung die anderen wegstossen könnte. Man verbinde die Limpets wie folgt:

**A. Zwei Limpets.**

Bevor der Operation:

(a) Man schraube die Kappen (1) ab und entferne die Holzstöpsel (2). Man höhle ungefähr 5 cm Plastic von diesen Enden aus.

(b) Man fädle mit Doppellöchern versehene Korken (3) über die erforderliche Länge der doppelt genommenen Cordtex. Man führe die Cordtex durch die Löcher d Metallkappen und fädle je eine Sprengpille (4) auf eine der Cordtexlängen an jedem Ende. Dann knüpfe man einen Knoten in die Cordtexenden (Abb. 68).

(c) Man bette die Sprengpillen in den Sprengstoff einer jeden Ladung ein und presse um jede Sprengpille soviel von dem ursprünglich herausgenommenen Sprengstoff, bis derselbe fast den Rand erreicht.

(d) Man fette die Gewinde ein und schraube die Metallkappen unter Benützung des dazugehörigen SCHRAUBSCHLÜSSELS (Nr. 32) fest. Dann bestreiche man die Verbindung von aussen mit Dichtungsfett.

(e) Man schiebe die Korken in die Löcher und befestige sie mit Klebband. Dann bestreiche man es mit Dichtungsfett (Abb. 69).

**B. Bei mehr als zwei Limpets mit Gleichzündung.**

Bei den in der Mitte befindlichen Limpets muss man die Holzstöpsel und Metallkappen entfernen und den Sprengstoff so aushöhlen, dass eine doppelte Cordtexschnur mit einer Sprengpille an jedem Ende durch die ganze Länge der Limpets durchgefädelt werden kann. Bei den in der Mitte befindlichen Limpets sind zwei Korken erforderlich.

**5. Vorbereitung von Limpets und Zündung.**

**(1) Bevor man zur Operation auszieht.**

(a) Man fülle das Gehäuse mit Plastic oder 808 (falls es nicht bereits gefüllt geliefert ist).

(b) Man stecke einen Holzstöpsel in jedes Ende des Gehäuses.

(c) Man ziehe die Holzstöpsel heraus, führe sie wieder ein und ziehe sie nochmals vorsichtig heraus, um festzustellen, ob die Löcher im Sprengstoff in Ordnung sind, um die Zündschraube aufzunehmen.

(d) Man nehme einen A.C.-Zeitzünder, schraube den Oberteil ab und prüfe:

(I) Ob Schlagbolzen und Feder zusammengepresst sind.

(II) Ob alle Schraubengewinde unbeschädigt sind.

(III) Ob der Sicherungsstift nicht verrostet ist und leicht herausgezogen werden kann.

(e) Man nehme eine Zündschraube, besichtige das Zündhütchen und schraube sie an den Zeitzünder an.

(f) Dann erst fette man alle offen liegenden Gewinde mit DICHTUNGSFETT (Nr. 33) ein. Dies bezieht sich nur auf die Zündschraube der Type 28a. Sonderanweisungen für die Zündschraube Type 6 befinden sich am Ende des Teiles G.

(g) Man fette die Gewinde im Oberteil ein, wobei man sich vergewissere, dass kein überschüssiges Fett in den Körper des Zeitzünders hineinfällt oder über den Rand herausquillt. Es ist am besten, das Fett nicht ganz bis zu den Enden der Gewinde zu schmieren.

(h) Man nehme eine Ampulle für die gewünschte Verzögerung und füge sie in den Körper des Zeitzünders mit der Spitze nach unten ein, sodass sie auf der Baumwolle ruht.

23

(i) Man schraube den Oberteil an.

(j) Man führe die Zündschraube vorsichtig in das mittels des Holzstöpsels geformte Loch an einem Ende des Gehäuses ein. Dann schraube man das Ganze in das Gewinde ein und ziehe mit dem Schraubschlüssel fest.

(k) Man fette die äussere Verbindung gründlich ein.

(l) Man entferne den Oberteil nochmals, um endgültig sicherzustellen, dass die Ampulle in Ordnung und richtig eingefügt ist. Dann schraube man den Oberteil wieder auf und fette die Verbindung ein. Die Limpet-Unterwasserladung ist nunmehr gebrauchsfertig.

(*Anmerkung:* Man wiederhole diesen Vorgang bei allen A.C.-Zeitzündern bis alle Limpets mit Zündung versehen sind.)

**(2) Auf dem Wege zum Angriffsziel.**

An einer geeigneten Stelle auf dem Wege zum Angriffsziel (unter Berücksichtigung der angewandten Verzögerung und der Zeitentfernung vom Objekt) stelle man die Zeitzündung an den Limpets folgendermassen ein :

(a) Man ziehe die Sicherungsstifte heraus und werfe sie in das Wasser.

(b) Man schraube die Schraubkolben der A.C.-Zeitzünder hinunter, bis man hört und fühlt, dass die Ampulle bricht. A u f j e d e n F a l l s c h r a u b e m a n s o w e i t w i e e s g e h t .

6. DER ANLEGESTAB (Nr. 34).

Dieser ist ein zusammenlegbarer Stab mit einem umgebogenen Ende, welches in den Henkelaufsatz an der Oberseite der Limpet-Unterwasserladung hineinpasst. Das andere Ende des Anlegestabs hat einen Haken. In seiner vollen Ausdehnung misst der Stab ungefähr 1,30 m (Abb. 70). Er dient zum Anbringen von Limpets an Schiffen von einem Boot aus.

Die Ladung kann an das Ende des Stabes angehängt und in das Wasser getaucht werden. Indem man den Stab vorsichtig gegen das Schiff drückt, kann die Ladung in Berührung mit den Stahlplatten gebracht werden. Wenn die Ladung an der Schiffswand haftet, kann das umgebogene Ende durch ein leichtes Herunterdrücken des Stabes herausgezogen werden (Abb. 71).

7. DER MAGNETISCHE FESTHALTER (Nr. 35).

Dieser ist dazu bestimmt, dem Boot einen zeitweiligen Halt zu geben, während die Ladung an ein Schiff angebracht wird.

**8. Zündschraube, Type 6.**

Es gibt zwei Typen, die Marke I, welche mit einem gewöhnlichen A.C.-Zeitzünder verwendet wird, und die Marke II, welche mit einem besonderen A.C.-Zeitzünder hergestellt wird, der mit Gummi-Dichtungsringen versehen ist.

Mittels eines Geldstücks schraube man den Schutzstöpsel (1) vom Ende der Zündschraube ab. Dann schraube man die Zündschraube auf den A.C.-Zeitzünder. Falls der Zeitzünder nicht mit Dichtungsringen versehen ist, gehe man wie bei Zündschraube 28a vor. Wenn Dichtungsringe vorhanden sind, darf unter keinen Unständen Kitt verwendet werden.

Die Zündschraube soll in beiden Fällen bloss mit der Hand festgeschraubt werden.

## H. BESONDERE VORRICHTUNGEN.

Diese Vorrichtungen sind mit Schlagbolzen versehen, die durch eine Schlagfeder auf ein Zündhütchen getrieben werden. Dieses Zündhütchen befindet sich in einer Klemmhülse.

Diese Klemmhülse kann man abschrauben, um die Vorrichtung zu prüfen, wobei man das Ende, an dem die Hülse angebracht ist, gegen den Fussboden hält, weil der Schlagbolzen mit ziemlicher Wucht herausfliegt. Man kann ihn wieder mit Hilfe eines Bleistiftes oder eines grossen Nagels zurückpressen.

Das Zündhütchen entzündet eine Sprengkapsel oder eine Bickford-Zündschnur innerhalb der Klemmhülse.

Jede dieser Vorrichtungen hat einen Sicherungsstift.

Es wird angeraten, diese Vorrichtungen in Paaren zu gebrauchen.

### 1. DER ZUGZÜNDER (Nr. 10). (ABBILDUNG 15 und 72).

Wie bereits vorher erwähnt, ist diese Vorrichtung sehr geeignet zum Entzünden von Zündschnur. Man kann den Zugzünder auch zur Herstellung einer Sprengfalle verwenden. In diesem Falle wird eine Sprengkapsel direkt in die Klemmhülse eingeführt.

**Gebrauchsanweisung.**

Man binde den Zugzünder mit Draht oder Bindfaden, den man durch die zwe Ösen an den Seiten zieht, an einen festen Gegenstand an.

Man lasse ihn lose hängen, sodass man einen direkten Zug am anderen Ende ausüben kann.

Man fädle den ,014 STOLPERDRAHT (Nr. 36) durch die herausziehbare Öse am oberen Ende und ziehe den Draht über den Weg, auf dem der Feind erwartet wird. Der Draht darf niemals zu fest gespannt werden.

Man lege oder vergrabe die Sprengladung da, wo sie dem Feind den grössten Schaden verursachen kann. Dann verbinde man die Sprengschnur der Sprengladung mit einem an der Sprengkapsel angebrachten Stück Sprengschnur, indem man an beiden Enden 5 cm überstehen lässt. Dann ziehe man den Sicherungsstift heraus und die Falle ist gelegt.

### 2. DRUCKZÜNDER (Nr. 37). (ABBILDUNG 73)

Dieser Zünder ist zur Herstellung von Sprengfallen geeignet und wird an solchen Stellen hingelegt, über die der Feind läuft oder fährt.

25

Bei der Entgleisung von Zügen kann er als Ersatz für Knallsignale verwendet werden und hat dabei den Vorteil, dass er besser verborgen werden kann. Man vergrabe dazu eine grössere Sprengladung in die Bettung oder innerhalb eines Tunnels. Andererseits ist der Druckzünder bei Schienenladungen nicht sehr verlässlich und sollte nur im Notfall gebraucht werden.

(a) Als Sprengfalle.

Man bereite eine Ladung vor und lege oder vergrabe sie am geeigneten Platz. Dann führe man ein Stück Cordtex von der Ladung zu der Stelle, wo der Druckzünder gelegt werden soll.

Man lege den Druckzünder so an, dass er, wenn ein Druck von ca. 18 kg auf ihn ausgeübt wird, ausgelöst wird. Man kann ihn unter Teppiche und Matten legen oder auf Fusswegen und Strassen eingraben.

Man kann auch zwei Druckzünder benützen, und zwar müssen diese ein Stück von einander entfernt hingelegt werden. In diesem Fall lege man ein Brett oder ähnliches Verbindungsstück über beide, sodass bei Druck auf irgendeinen Teil desselben einer oder beide Druckzünder zur Zündung gebracht werden.

Das Brett muss leicht sein, weil sonst die Druckzünder losgehen können. Beide Zünder müssen natürlich mit derselben Ladung verbunden sein.

(b) Entgleisungen. (ABBILDUNG 74).

Man vergrabe den Druckzünder in die Gleisbettung und vergewissere sich, dass er eine feste Unterlage hat. Dann schraube man die Verlängerungsrute in das Deckelloch und stelle sie so ein, dass sie gerade mit der Unterseite der Schiene in Berührung kommt, aber nicht so fest, dass die Ladung etwa früzeitig explodieren könnte. Man beachte auch, dass die Rute senkrecht unter der Schiene ist, weil andernfalls der Druck nicht richtig ausgeübt wird.

Bevor man den Druckzünder eingräbt, muss der Sicherungsstift herausgezogen werden.

3. DER FREIGABEZÜNDER (Nr. 38). (ABBILDUNG 75).

Diese Vorrichtung wird durch Abnehmen eines Gewichtes vom Schnabelende ausgelöst. Das Gewicht auf dem Schnabelende sollte über 1,5 kg betragen. Wenn das Gewicht ungenügend ist, so lässt sich der Sicherungsstift nicht leicht herausziehen. Man vergewissere sich, dass das Gewicht in Ordnung ist, bevor man das Cordtexende der Ladung mit dem der Sprengkapsel verbindet, welche sich in der Klemmhülse befindet.

Man lege den Freigabezünder unter irgendwelche Gegenstände, von denen man annimmt, dass sie vom Feind aufgehoben werden. Man vergesse **nicht**, den Sicherungsstift herauszuziehen.

ZUR BEACHTUNG : Ein kurzes Stück Cordtex soll immer an die Sprengkapsel angebracht werden, bevor die Vorrichtung angelegt wird. Dieses Ende kann dann mit der an der Ladung angebrachten Sprengschnur verbunden werden. Dies dient zur Vermeidung von Störungen, nachdem der Mechanismus bereits gelegt ist (siehe Punkt A in allen Abbildungen).

## VERSCHIEDENES.

1. DIE GAMMON-GRANATE No. 82 (Nr. 39).

Diese Granate kann nach Bedarf selbst fertiggestellt werden. Sie explodiert bei Aufschlag. Bei Verwendung gegen Lastkraftwagen und leichte Panzer verwende man Plastic als Füllung, aber die Granate kann mit anderen verwendungsfähigen Sprengstoffen gefüllt als Personalbombe gebraucht werden.

Die Granate besteht aus drei Teilen :

(a) SCHLAGZÜNDER UND STOFFBEUTEL (Nr. 39). (ABBILDUNG 76).

(b) SPRENGPILLENHÜLSE (Nr. 40). (ABBILDUNG 77).

(c) KURZE, Nr. 8 SPEZIALSPRENGKAPSEL (die gewöhnliche Sprengkapsel kann nicht benützt werden) (Nr. 41). (ABBILDUNG 78).

**Anweisungen zur Zusammensetzung.**

**(I) Man knete ungefähr 1 kg Plastic (siehe Abb. 79) und lasse ein Loch für die Sprengpillenhülse.**

**(II) Man führe eine Spezialsprengkapsel in das Bohrloch der Sprengpille ein, geschlossenes Ende zuerst.**

**(III) Man schraube die Sprengpillenhülse in die Zünderkappe.**

**(IV) Man füge die Sprengpillenhülse in das dazu vorbereitete Loch im Sprengstoff ein und ziehe den Stoffbeutel über den Sprengstoff (Abb. 80).**

**Vorbereitung zum Werfen der Granate.**

**(I) Man schraube die schwarze Bakelitkappe vom Zünder ab und beachte, dass das weisse Band nicht abrollt.**

**(II) Man nehme die Granate in die rechte Hand, Sprengstoff in der Handfläche, und halte dabei das weisse Band mit Zeigefinger und Daumen fest (Abb. 81)**

**Anweisungen zum Werfen.**

**Man werfe die Granate wie man einen Ball werfen würde. Während des Fluges rollt das weisse Band ab und zieht dabei den Sicherungsstift heraus. Die Granate explodiert dann beim Aufschlag (Abb. 82).**

**Gebrauchsanweisung.**

**Die Granate findet ihre beste Verwendung gegen Panzerkraftwagen, Stabswagen und Lastkraftwagen. Sie kann auch gegen leichte Panzerkampfwagen gebraucht werden, nicht aber gegen schwere.**

**Das Gewicht der Granate verhindert genaues Werfen bei Entfernungen von über 20 m, und sie ist daher nur im Nahkampf zu verwenden.**

**Sicherungsmassnahmen.**

Sollte durch Versehen das weisse Band und der daran befestigte Sicherungsstift vor dem Abwerfen herausfallen, so darf die Granate keinesfalls geworfen werden, da die Gefahr besteht, dass sie in der Hand explodiert. Der Sicherungsstift und das Band müssen wieder angebracht werden, bevor die Granate geworfen wird.

2. Die Universalladung im Gebrauch als Handgranate.
SCHLAGZÜNDER (ALWAYS) (No. 42).

Die Universalladung hat zu diesem Zweck denselben Schlagzünder wie die oben beschriebene No. 82 Gammon-Granate. Man führt eine gewöhnliche Sprengkapsel, geschlossenes Ende zuerst, in das Loch an dem Ende der Ladung ein, an dem sich das Gewinde befindet. Danach schraube man die Zünderkappe in das Gewinde ein.

Die Granate wird auf dieselbe Art geworfen wie die Nr. 82 Gammon-Granate.

3. DER REIFENZERSTÖRER (Nr. 43).

Dies ist eine kleine Bombe. Sie besteht aus einer kleinen, aber wirkungsvollen Ladung innerhalb zweier ineinandergreifenden runden Metalldeckel. Sobald ein Druck auf diese Vorrichtung ausgeübt wird, werden die Metalldeckel zusammengepresst. Dies bringt die Sprengkapsel zur Zündung und die Ladung wird damit explodiert.

Es ist zu bemerken, dass Ober- und Unterseite des Reifenzerstörers mit Klebband getarnt sind.

Der Reifenzerstörer ist besonders geeignet zum Angriff auf Gummireifen, und die Explosion genügt, um die schwersten Reifen zu zerstören.

**Vorbereitungen zum Gebrauch.**

(a) Man nehme einen Reifenzerstörer aus der Schachtel.

(b) Man hebe das viereckige, mit einem weissen Punkt markierte Klebband ab. Dadurch wird ein Bleistöpsel freigelegt (Abb. 83).

(c) Man schraube diesen Bleistöpsel mit Hilfe eines Schraubenziehers oder einer kleinen Münze ab.

(d) Man prüfe die untere, glatte Fläche des Bleistöpsels. Falls daran ein kleines Loch (oder Vertiefung) sichtbar ist, so ist der Zerstörer beschädigt und darf nicht gebraucht werden (Abb. 84). Selbst wenn der Bleistöpsel unbeschädigt ist, achte man darauf, dass der Schlagbolzen nicht in das Sprengkapselgewinde hineinragt. Der in Abb. 85 gezeigte Zerstörer ist in Ordnung.

(e) Wenn der Zustand des Reifenzerstörers zufriedenstellend ist, nehme man eine ZÜNDKAPSEL (Nr. 44) aus der Dose und schraube dieselbe fest in das Gewinde ein. Man benütze Schraubenzieher oder kleine Münze. (Abb. 86.)

(f) Nach Einschrauben der Zündkapsel klebe man das mit dem weissen Punkt markierte Stück Klebband wieder darüber.

(g) Der Reifenzerstörer ist nunmehr eingestellt und gebrauchsfertig.

(h) Unter keinen Umständen entferne man das Klebband, das die beiden Metalldeckel zusammenhält, da dies den Zerstörer wasserdicht hält.

**Gebrauchsanweisung.**

Ein Druck von 45 kg ist erforderlich, um den Reifenzerstörer zur Explosion zu bringen.

(I) Zum Gebrauch gegen Fahrzeuge auf Strassen.

(a) Auf asphaltierten, betonierten oder gepflasterten Strassen benütze man eine Reihe von Reifenzerstörern. Man lege diese staffelweise (oder diagonal) in Abständen von 1,50 m über die Strasse (der Abstand zwischen den einzelnen Zerstörern sollte nicht unter 1,50 m sein, da die Sprengwirkung des einen die anderen sonst wegschleudert). Die beste Methode zur Tarnung ist, sie in Strassenlöcher oder Pfützen zu legen oder sie mit Staub oder Kot zu tarnen.

(b) Auf Asche- oder Sandstrassen vergrabe man die Reifenzerstörer gerade etwas unter der Oberfläche und lege einen Stein oder anderen harten Gegenstand unter jeden einzelnen Zerstörer, da er sonst von dem Fahrzeug in den weichen Boden gedrückt wird, ohne zu explodieren.

(c) Man lege die Reifenzerstörer immer in der Weise aus, dass Schaden an de höchstmöglichen Anzahl von Fahrzeugen angerichtet wird.

(II) Andere Anwendungen.

(a) Unter den Reifen von in Feldern parkenden Fahrzeugen. Gras bietet aus gezeichnete Tarnung.

(b) Unter den Reifen von Flugzeugen auf Flugfeldern.

(c) Unter den Bezügen des Führersitzes von Kraftwagen.

(d) Unter Matten oder Teppichen.

**(III) Anweisungen zur Herstellung selbstgebauter Panzerminen.**

Hier gibt es zwei Methoden :

Methode 1 (Abb. 87).

Man baue eine Holzkiste (1) 20 × 20 × 15 cm, welche ungefähr 4,5 kg Sprengstoff aufnehmen kann. Dazu fertige man einen Deckel (2) an, der über die Seiten hervorragt. Man tränke das Ganze in Kreosot.

Dann schlage man Nägel (3) in Abständen durch den Deckel und bohre die dazugehörigen Löcher in den oberen Rand der Seitenwände der Kiste.

Auf dem Boden innerhalb der Kiste höhle man eine Vertiefung zur Aufnahme es Reifenzerstörers aus (4).

Dann mache man einen Reifenzerstörer explosionsbereit und lege ihn in die Vertiefung.

Man schneide ein Stück von einem Besenstiel (5) in solch einer Länge ab, dass er, wenn er senkrecht auf dem Reifenzerstörer ruht, gerade aus der Kiste hervorragt.

In der Mitte des Deckels, genau über der Vertiefung im Boden der Kiste, befestige man eine Hülse (6) zur Aufnahme des Stieles. Man kann zu diesem Zweck einen Rasierseifenbehälter oder einen anderen hülsenähnlichen Gegenstand benützen.

Danach stelle man den Stiel auf den Reifenzerstörer und fülle die Kiste bis zum Rand mit Sprengstoff (7).

Dann lege man den Deckel auf die Kiste, sodass die Nägel in die dazu vorbereiteten Löcher gleiten und der Stiel in die Hülse (6) kommt, und drücke leicht auf den Deckel, bis ein Widerstand spürbar ist.

Man umwickele die Kiste mit Draht (8).

Methode 2 (Abb. 88).

Man grabe ein flaches Loch, 25 cm und 10 qcm tief.

Man lege zwei Holzstückchen (1) von je 7 cm Weite in gegenüberliegende Seiten des Loches.

Dann lege man 4 vorbereitete Reifenzerstörer (2) auf das Holz und zwar je einen in eine Ecke des Loches.

Man fülle das Loch mit Sprengstoff (3), sodass dieser gerade die Reifenzerstörer bedeckt.

Darnach lege man ein Holzbrett (4) von 25 qcm über den Sprengstoff und bedecke das Ganze mit 3 cm Erde.

Sollten diese Minen in Gegenden gelegt werden, durch die alliierte Truppen kommen können, so vergrabe man ein Metallstück in der Nähe, weil dies bei der Minenentdeckung hilft.

4. DIE EIERHANDGRANATE (MILLS GRANATE 36) (Nr. 45).

Diese mit Sprengstoff gefüllte Granate zerplatzt bei der Explosion in eine Anzahl kleinerer Stücke, die bis zu 20 m Radius tödlich wirken, aber Verwundungen bei noch grösseren Entfernungen zufügen können. Sie kann rund 30 m geworfen werden, der Werfer muss jedoch Deckung nehmen, bevor die Granate explodiert. Nach Freigabe des Schlagbolzens explodiert die Granate mit einer Verzögerung von 4 Sekunden.

(1) Beschreibung (Abb. 89 und 90).

Die Granate besteht aus einem Eisengehäuse (1), das mit Sprengstoff (2) gefüllt ist. Durch die Mitte der Granate führt ein Ärmel, in dem sich ein mit einer zusammengepressten Spiralfeder versehener Schlagbolzen (3) befindet. Dieser Schlagbolzen wird von einem Hebel (4) hochgehalten und dieser wiederum von einem Sicherungsstift (5), der durch Löcher in der Schulter (6) gesteckt ist, festgehalten. An der Unterseite der Granate ist ein Bodenstöpsel (7), welcher abschraubbar ist.

HANDGRANATENKAPSEL (Nr. 46) (8) mit Kappe (9) sind stets separat verpackt und werden vor Gebrauch in die Granate eingesetzt. Die Granate darf keinsfalls mit Kapsel gelagert werden.

2) Zerlegen und Reinigen.

(I) Man schraube den Bodenstöpsel (7) unter Benützung des dazugehörigen Werkzeuges ab.

(II) Man vergewissere sich, dass die Handgranatenkapsel und Kappe nicht in der Granate sind.

(III) Man halte den offenen Boden der Granate gegen den Körper, halte den Hebel (4) fest und ziehe den Sicherungsstift (5) heraus.

(IV) Dann lasse man den Hebel (4) langsam los und entferne Schlagbolzen und Feder (3).

(V) Man reinige alle Teile vorsichtig und reibe das Schmierfett herunter.

(3) Zusammensetzen.

(I) Man presse Schlagbolzen und Feder mit Hilfe eines starken Nagels oder einer Metallstange in den Ärmel, bis das Ende mit der Kerbe (10) aus dem anderen Ende herauskommt.

(II) Man füge den Hebel (4) in die Kerbe, dann drücke man ihn in den dazu vorgesehenen Einschnitt an der Seite der Granate und schiebe den Sicherungsstift (5) ein.

(4) Laden der Granate.

(I) Man nehme eine Handgranatenkapsel mit Kappe und füge die Kapsel in den kleinen Ärmel neben dem Hauptärmel ein (11). Man schiebe sie so tief ein wie möglich und drücke die Kappe (9) in das offene Ende des Hauptärmels.

(II) Man schraube den Bodenstöpsel (7) auf und beachte, dass dieser fest sitzt.

(5) Wie funktionniert die Granate?

Nachdem der Sicherungsstift herausgezogen ist, fliegt der Hebel hoch und gibt den Schlagbolzen frei. Dieser wiederum wird von der Feder auf die Kappe hinuntergetrieben. Diese bringt die Zündschnur zur Entzündung, welche nach 4 Sekunden die Kapsel und damit den Sprengstoff zur Explosion bringt.

(6) Werfen der Granate (Abb. 91).

(I) Man nehme die Granate in die Handfläche und drücke den Sicherungshebel mit den Fingern fest an.

(II) Man ziehe den Sicherungsstift heraus und drücke dabei den Hebel immer noch fest an die Granate. SOLANGE DER HEBEL FESTGEHALTEN WIRD, IST DIE GRANATE GESICHERT.

(III) Man werfe die Granate mit einem Schwung der Hand so hoch wie möglich, um Hindernisse zu vermeiden. Der Hebel springt ab, sobald die Granate aus der Hand fliegt, wodurch der Schlagbolzen auf die Kappe schlägt und die Zündung vornimmt.

(*Zur Beachtung:* Falls der Hebel nicht von der Granate entfernt ist, kann der Sicherungsstift zurückgesteckt und die Granate damit wieder gesichert werden.)

31

5. SCHMIRGELPASTE (Nr. 47 .

Diese Paste dient zur Beschädigung von Maschinen-Wellenlagern aller Arten Sie ist besonders geeignet zur Beschädigung von Achslagern an Eisenbahnwagen.

Achslager sind von verschiedenartigster Konstruktion und es ist nicht möglich, in diesem Merkblatt genaue Anweisungen niederzulegen, die auf alle Arten zutreffen.

Die Lager müssen geöffnet werden und zu diesem Zweck bedarf es eines verstellbaren Schraubschlüssels, um die Deckel abzuschrauben. Die Schmirgelpaste sollte dann so verteilt werden, dass sie in Berührung mit der Achse kommt und sich in das Lager einschmiert. Es wird geraten, vorher einen Sachverständigen zu fragen.

Es ist zwecklos, die Paste in den Ölzugang zu drücken, weil sie dann lediglich auf den Boden des Ölbehälters sinkt und nicht mit dem wichtigen Lager in Berührung kommt.

6. ZANGE (Nr. 48).

7. VASELINE (Nr. 49).

Vaseline ist ein gutes Mittel zur Wasserabdichtung und auch zum Mischen mit Plastic, wenn dasselbe sehr hart ist.

8. VERBANDPÄCKCHEN (Nr. 50).

## J. DIE STEN-MASCHINENPISTOLE (Modell II) (Nr. 51) (9 mm).

### 1. Allgemeine Beschreibung.

Die Sten-Maschinenpistole ist eine äusserst verlässliche Nahkampfwaffe. Obwoh sie mit gutem Erfolg auf grössere Entfernungen verwendbar ist, darf sie jedoch niemals als Ersatz für ein Gewehr angesehen werden. An der äusseren Erscheinung der Waffe ist keine Arbeit verschwendet worden. Hingegen sind der Lauf und der Mechanismus sorgfältig gearbeitet und aus gutem Material, und sie leisten den an sie gestellten Ansprüchen vollauf Genüge. Die Maschinenpistole kann nach Bedarf für Reihenfeuer oder Einzelschüsse eingestellt werden.

### 2. Munition.

Die Sten verfeuert 9mm Luger (Parabellum) Patronen. Diese Art Munition kann in amerikanischer, belgischer, englischer sowie deutscher Ausführung gefunden werden.

Mit jeder Sten werden 4 geladene Magazine geliefert.

### 3. Zusammensetzen. (Abb. I und II.)

Aus zweckdienlichen Gründen werden die 4 Hauptteile der Sten getrennt verpackt. Diese sind:

(A) Lauf komplett mit Kühlmantel (1)
(B) Körper;
(C) Kolben;
(D) Magazin.
(Siehe Abb. I und II.)

**Zusammensetzen von A, B und C:**

(a) Man beachte, dass der Magazinansatz (2) sich in der auf der Abbildung dargestellten Lage befindet, d.h. wagerecht und im rechten Winkel zum Körper der Maschinenpistole. Man ergreife den Kühlmantel (1) und schraube den Lauf in das vordere Loch des Körpers. Sollte es nicht möglich sein, den Lauf ganz einzuschrauben, so hebe man den auf den Kühlmantel eingreifenden Schnapphaken (3) hoch. Der Lauf soll zwar fest, aber nicht übermässig fest eingeschraubt werden, damit es möglich ist, ihn im Bedarfsfall leicht wieder abschrauben zu können.

(b) Man halte den Kolben (C) mit dem gelochten dreieckigen Metallansatz nach unten und schiebe den Kolbenknauf (5) in die Führung (6), welche sich über dem rückwärtigen Teil des Abzugbügels (7) befindet. Dann drücke man den Gehäusedeckel der Rückstossfeder (8) nieder und stosse den Kolben aufwärts, bis der Knauf vollständig in der Führung sitzt und lasse den Gehäusedeckel zurückkommen und einschnappen.

**4. Vorbereitung zum Feuern.**

Man spanne den Bolzen (9) so weit, bis der Hebel sich in gleicher Höhe mit dem Sicherungsausschnitt (10) befindet, drehe den Hebel aufwärts und lasse ihn nach links in den Sicherungsausschnitt einschnappen. Die Waffe ist somit gesichert.

Dann wähle man Reihenfeuer oder Einzelschüsse. Die Einstellung für Reihenfeuer erfolgt, indem man den mit A bezeichneten Knopf auf der rechten Seite der Maschinenpistole einpresst (11). Für Einzelschüsse presse man den mit R bezeichneten Knopf auf der linken Seite. Es wird empfohlen, Einzelschüsse zu verwenden, da dies grössere Treffsicherheit und Ausnützung der Munition gestattet. Obwohl hierbei für jeden einzelnen Schuss der Abzug gedrückt werden muss, kann mit einiger Übung grosse Feuerschnelligkeit erreicht werden. Ist hingegen die Waffe auf Reihenfeuer eingestellt, so muss man sich vor Augen halten, dass ein anhaltendes Drücken des Abzuges das Ausschiessen des ganzen Magazininhalts zur Folge hat. Es ist natürlich möglich, auch Reihenfeuer durch kurzes Drücken und Freigeben des Abzugs zu beherrschen, aber dies erfordert Erfahrung und Übung.

Man lege ein gefülltes Magazin mit der linken Hand scharf in den Magazinansatz (2) ein, bis es einschnappt, und beachte dabei, dass die Patronen mit der Spitze in Richtung des Laufes liegen. Um sich zu vergewissern, dass das Magazin fest sitzt, ziehe man daran.

Die Magazine, die der Maschinenpistole beigelegt sind, sind bereits gefüllt. Zum Nachfüllen befolge man die Anleitungen mit Abbildung diesbezüglich.

Man hebe mit der linken Hand den Hebel wieder aus dem Sicherungsausschnitt (9) heraus und lasse ihn vorsichtig vorwärts gleiten, bis er in der Feuerstellung stehen bleibt. Die Maschinenpistole ist nunmehr feuerbereit.

Zum Feuern umfasse man mit der linken Hand den Kühlmantel (1) und drücke mit Daumen und Zeigefinger fest gegen das vordere Ende desselben. Die restlichen Finger müssen von der Auswurföffnung (12) freigehalten werden. Unter keinen Umständen darf die Pistole beim Magazin gehalten werden. Mit der rechten Hand halte man die Pistole wie beim Gewehr.

Nach Einstellen des Feuers sichere man wieder, indem man den Hebel (9) in den Sicherungsausschnitt (10) einschnappen lässt. Dann drücke man den Schnapphaken (13) nieder und entferne das Magazin. Man prüfe, ob der Laderaum frei von Patronen ist und entspanne die Maschinenpistole.

**5. Zielen.**

Beim Schiessen auf Scheiben bringe man die Spitze des Korns (14) in eine Linie mit dem unteren Rand des Schwarzen. Das Auge bringt die Spitze des Korns in die Mitte des Lochvisiers (15). Beim Schiessen auf lebende Ziele ziele man wenn möglich in Höhe der Hüfte (siehe Abb. III).

**6. Zerlegen.**

Man drücke den Schnapphaken (13) nieder und entferne das Magazin.

Man entferne den Kolben (C) durch Niederpressen des Gehäusedeckels der Rückstossfeder (8), wonach man den Kolben über diesen hinweg nach unten aus der Führung gleiten lasse.

Um den Verschlusskolben (16) zu entfernen, drücke man den Gehäusedeckel der Rückstossfeder ungefähr 1 cm tief ein und drehe den Deckel, bis er aus dem Verschluss herausspringt. Dann entferne man den Gehäusedeckel und ziehe die Feder aus dem Gehäuse heraus. Man drücke den Abzug und ziehe den Verschlusskolben (16) nach hinten, bis der Hebel sich in gleicher Höhe mit dem Sicherungsausschnitt befindet. Dann ziehe man den Hebel aus dem Verschlusskolben heraus. Danach halte man die Waffe nach oben und lasse den Verschlusskolben nach unten herausgleiten.

Um den Lauf zu entfernen, ziehe man den Schnapphaken (3) an und drehe zur gleichen Zeit den Magazinansatz (2) nach unten. Dann schraube man den Kühlmantel los und entferne den Lauf.

Das Zusammensetzen erfolgt in umgekehrter Reihenfolge.

**7. Hemmungen und deren Behebung.**

(a) **Ladehemmung.** Man sichere die Waffe, entferne das Magazin und schiebe die oberste Patrone fest bis an den Rand zurück, falls sie sich verschoben hat. Sollte die oberste Patrone aus dem Magazin herausgekommen sein, so entferne man sie ganz. Dann führe man das Magazin wieder ein und feure weiter.

(b) **Fehlerhafter Auswurf.** Man sichere die Waffe, entferne das Magazin und die leere Hülse und überzeuge sich, dass sich keine Patrone im Laderaum befindet. Sollte jedoch eine Patrone darin sein, so schüttle man dieselbe heraus, führe das Magazin wieder ein und feure weiter.

(c) **Blindgänger.** Man spanne den Bolzen, wodurche die schadhafte Patrone ausgeworfen wird und feure weiter.

(d) **Geplatzte Hülse.** Man sichere die Waffe, entferne das Magazin und schüttle die Splitter der Hülse aus. Man überzeuge sich, dass kein Geschoss im Lauf fest sitzt. Dann führe man das Magazin wieder ein und feure weiter. Sollte aus irgendwelchen Gründen die Maschinenpistole nicht weiter feuern, so untersuche man den Verschlusskolben und das Innere des Gehäuses nach Schmutz oder Fremdkörpern und letzten Endes nach zerbrochenen Teilen.

**8. Pflege und Reinigung.**

(a) Vor dem Feuern entferne man Öl oder Fett aus dem Gehäuse, Verschlusskolben und dem Lauf.

(b) Nach dem Feuern schraube man den Lauf ab und reinige diesen vom Laderaum aufwärts mit einem Wischstock oder einem improvisierten Wischstrick. Dann reinige man Verschlussblock, Gehäuse, Magazinzunge und alle Stellen, an denen sich Schmutz angesetzt hat. Schliesslich öle man den Lauf und reibe alle übrigen Teile mit einem öligen Lappen über.

**9. Einlagerung.**

Wenn die Maschinenpistole auf längere Zeit eingelagert werden muss, so fette man sie gut sowohl innen wie aussen ein (Vaseline oder Motorfett genügen). Dann hülle man die Waffe in Ölpapier und lagere sie in einem wasserdichten Behälter. Man vergesse jedoch nicht, die Maschinenpistole wieder gründlich durchzureinigen, bevor sie wieder in Gebrauch genommen wird.

Magazine werden leer gelagert.

**10. Magazinfüller (Abb. IV).**

Um das Magazin zu füllen, setze man den Füller so auf, dass der Bajonettverschluss (f) in die hierzu vorgesehene Öffnung (g) des Magazins einschnappt. Dann lege man die vier Finger der linken Hand auf den Hebel (a), und zwar so, dass der Ringfinger durch den Ring (b) durchgesteckt wird und der Zeigefinger auf der Zehe (c) ruht. Dann presse man den Hebel nieder, indem der kleine Finger auf den Vorsatz (d) niederdrückt und führe mit der rechten Hand die Patrone mit dem Boden voran in die hierdurch entstandene Öffnung (e). Nun hebe man den Hebel mittels des Ringfingers und drücke ihn wieder nieder, um die nächste Patrone einzuführen. Man wiederhole diesen Vorgang, bis 28 Patronen eingeführt sind. Wenn das Magazin mit der Hand gefüllt wird, so ist hierbei zu beachten, dass die Schlitze am Magazingehäuse, wenn auf die Pistole gesteckt, in der Richtung des Kolbens liegen. Man vergewissere sich vor dem Laden, dass die Patronen sauber sind.

## K. PISTOLEN (Nr. 52).

Was Pistolen anbelangt, so können verschiedene Arten geliefert werden. Sie sind in zwei Haupttypen eingeteilt:

(1) Selbstladepistolen.

(2) Trommelrevolver.

### 1. Selbstladepistolen.

Diese Waffen werfen die abgefeuerte Patronenhülse nach jedem Schuss automatisch aus und führen eine neue Patrone in den Lauf. Die Patronen, welche randlos sind, befinden sich in auswechselbaren Magazinen innerhalb des Griffstückes. Die Pistole muss beim Feuern mit festem Griff gehalten werden.

#### Pflege und Reinigung.

Um sicherzugehen, dass die Selbstladepistole gebrauchsbereit ist und um vorzubeugen, dass sie im kritischen Augenblick versagt, ist es unerlässlich, dass die Waffe peinlichst sauber und frei von Rost und Schmutz gehalten wird.

Im Falle, dass die Waffe für längere Zeit aufbewahrt wird, muss sie sorgfältigst gesäubert und alle beweglichen Bestandteile müssen eingeölt werden. Der Zugang zu allen Teilen, die nicht ohne weiteres freigelegt werden können, sollte mit Fett abgedichtet werden. Die Waffe muss in Ölpapier oder in öligen Lappen eingepackt und so trocken wie möglich gelagert werden.

Zum Zerlegen ist lediglich die Abnahme des Laufes, des Verschlusses und des Magazins notwendig. Der Abzug sollte nicht herausgenommen werden.

### 2. Trommelrevolver.

Diese Waffen sind nur halb-automatisch. Die Patronen, gewöhnlich sechs an der Zahl, sind mit einem Rand versehen und befinden sich in einer Drehtrommel.

Beim Drücken des Abzuges wird die Patrone gefeuert und gleichzeitig die Trommel weitergedreht, wodurch eine frische Patrone in die Laufrichtung gebracht wird.

Nachdem alle Patronen gefeuert sind, bleiben die leeren Hülsen in der Trommel.

Das Öffnen der Läufe ist bei Revolvern verschieden. Bei dem Webley .38 klappt man den Lauf auf, indem man die Waffe in beiden Händen hält und den Sperrhebel an der linken Seite des Griffstückes mit dem Daumen eindrückt. Sollte die Trommel leere Hülsen enthalten, so werden diese dabei ausgeworfen und können mit der Hand aufgefangen werden.

#### Pflege, Reinigung und Einlagerung.

Das Zerlegen ist sehr einfach. Es ist lediglich nötig, die Trommel herauszunehmen, was gewöhnlich durch Entfernung einer Schraube erreicht wird.

Die üblichen Anweisungen zum Säubern und Aufbewahren gelten auch hier.

18

19

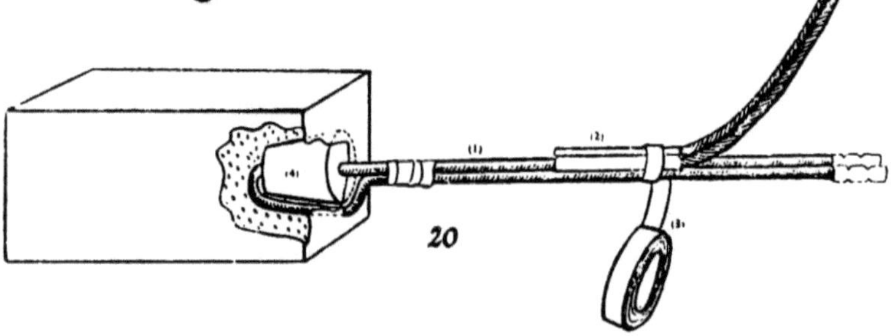


20

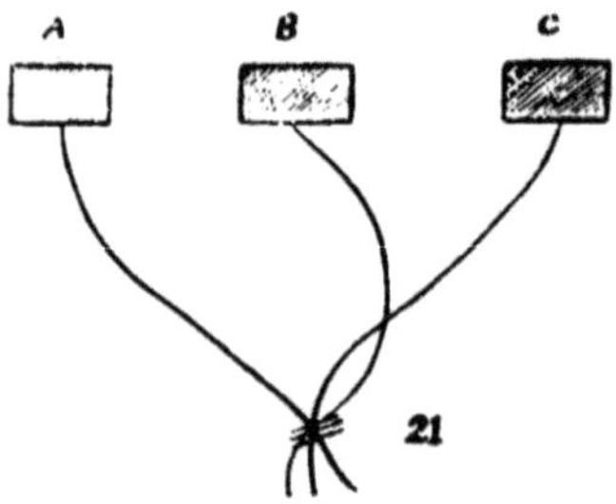


21

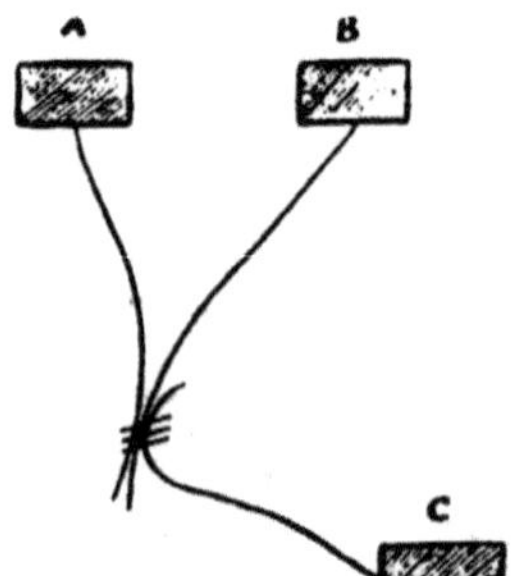


22

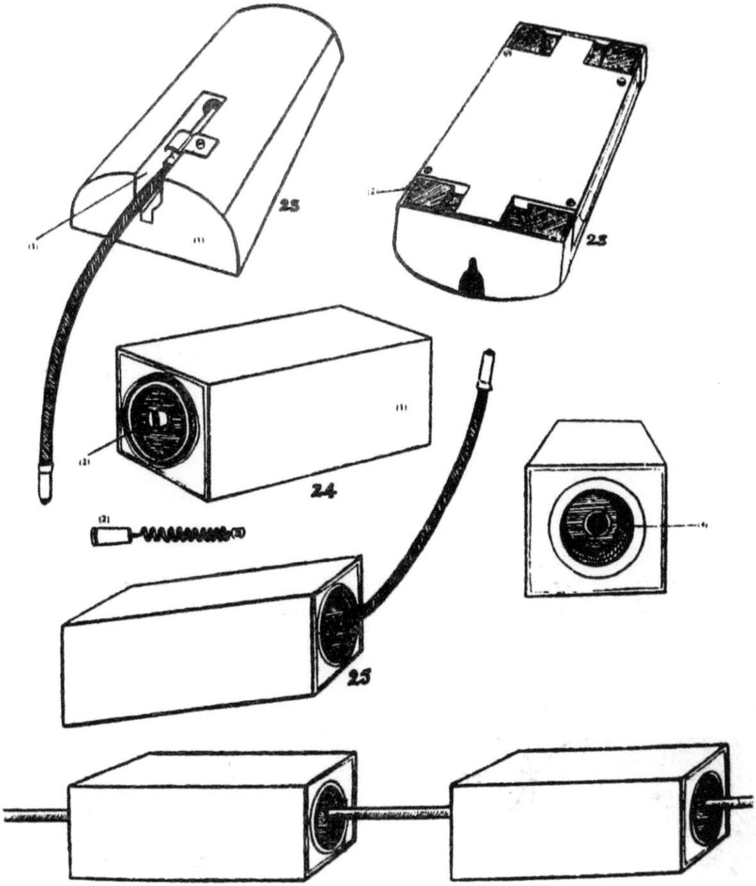


26

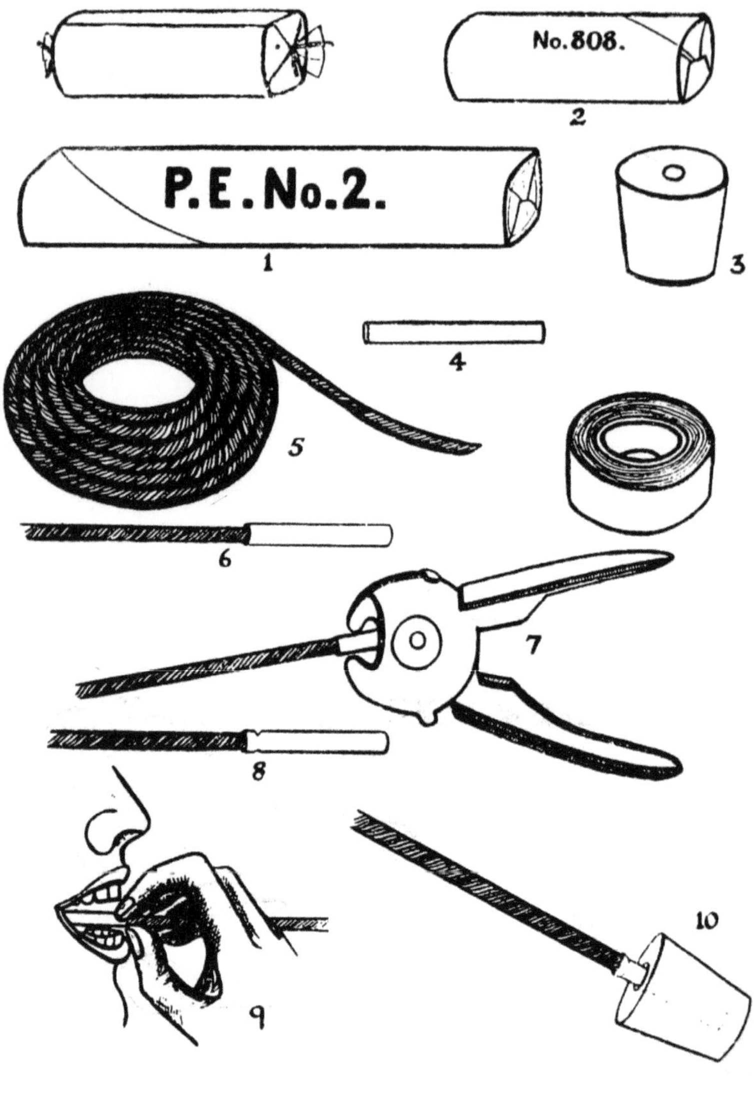
No.808.
2
P.E.No.2.
1
3
4
5
6
7
8
9
10

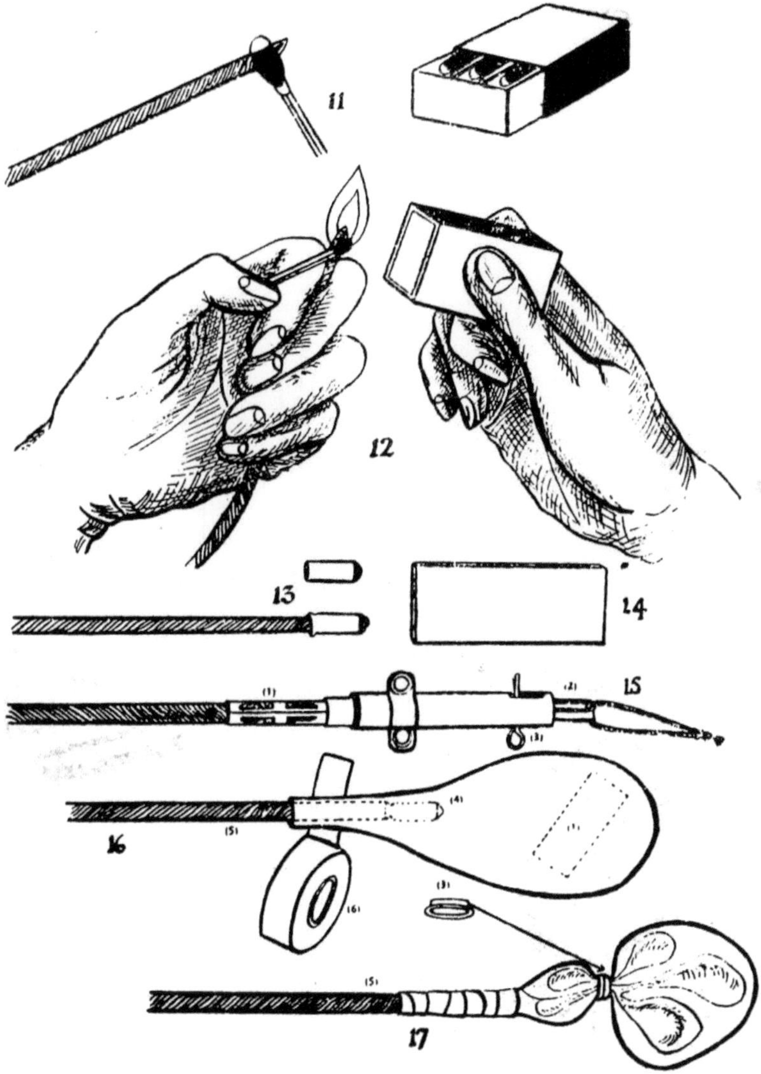
11
12
13
14
15
16
17

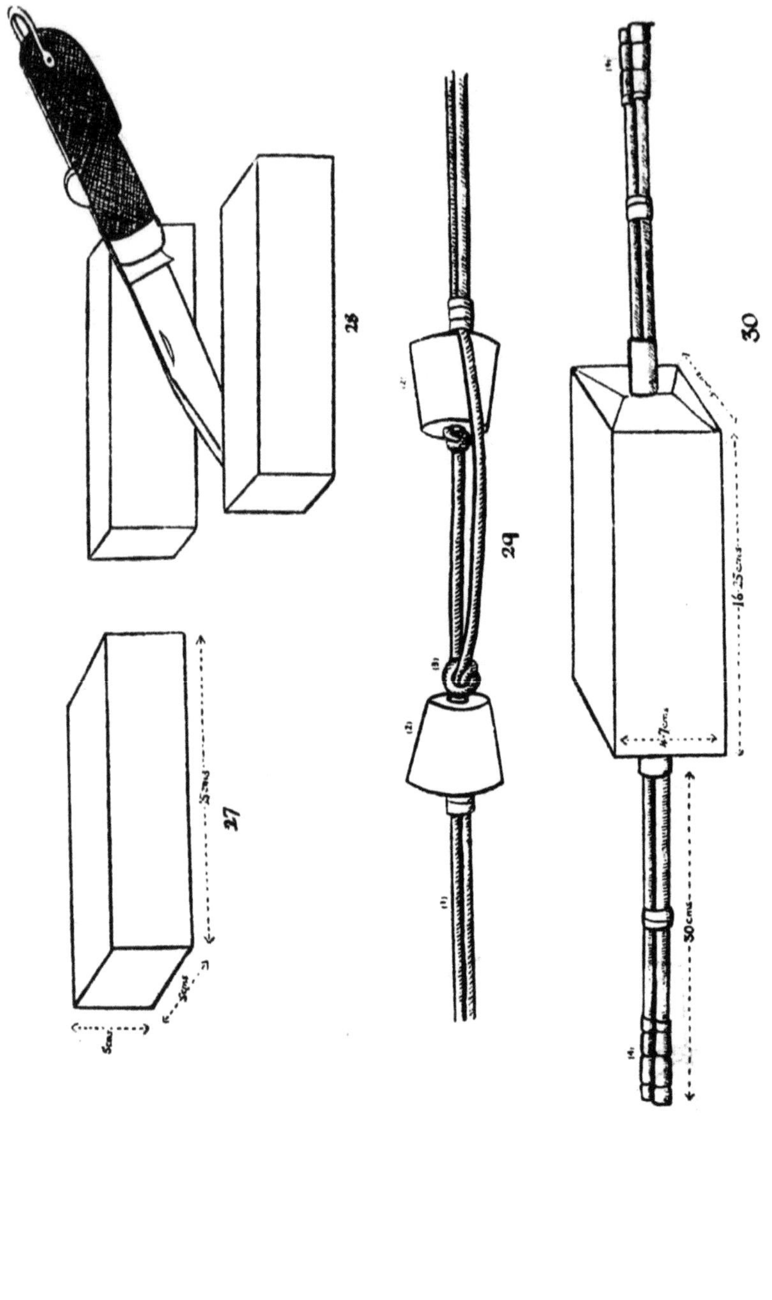
27
28
29
30
30cms
16·25cms

31

32

33

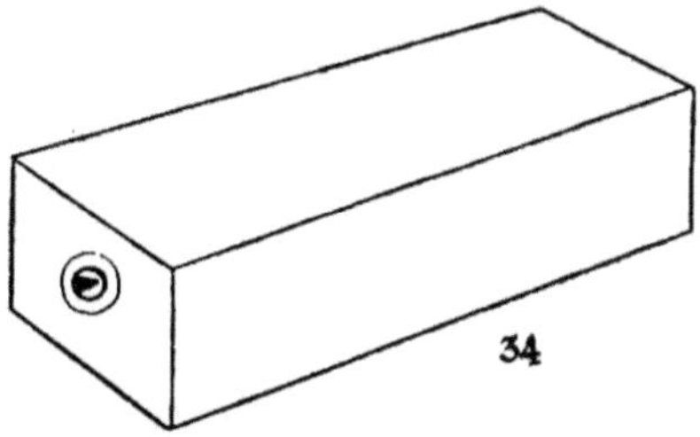

34

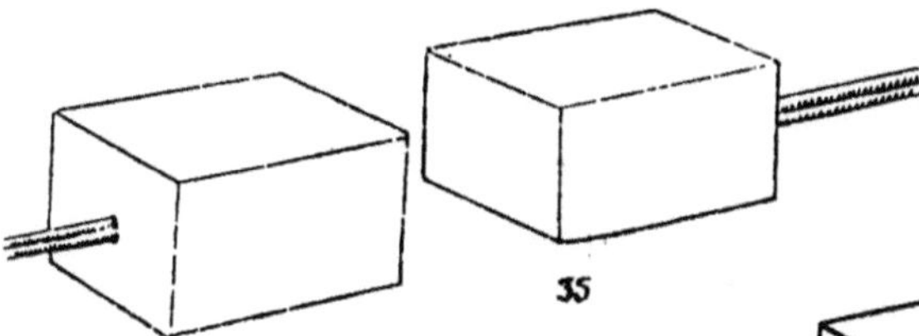

35

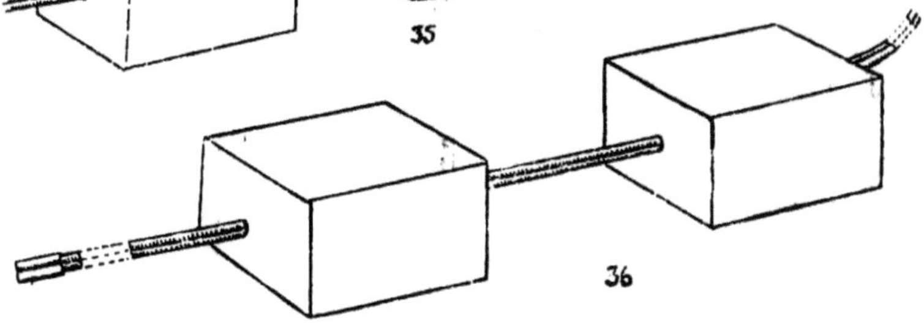

36

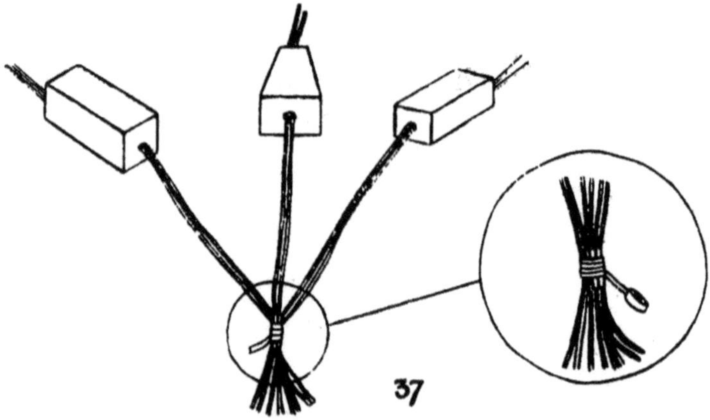

37

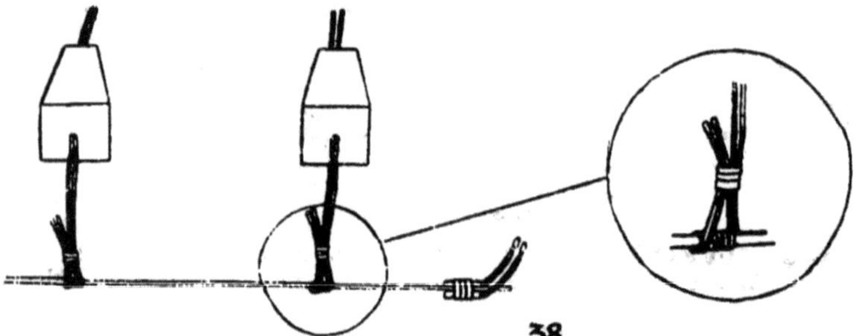

38

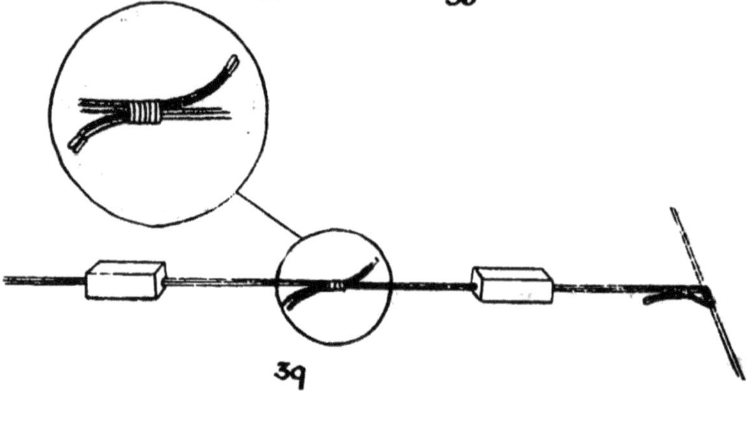

39

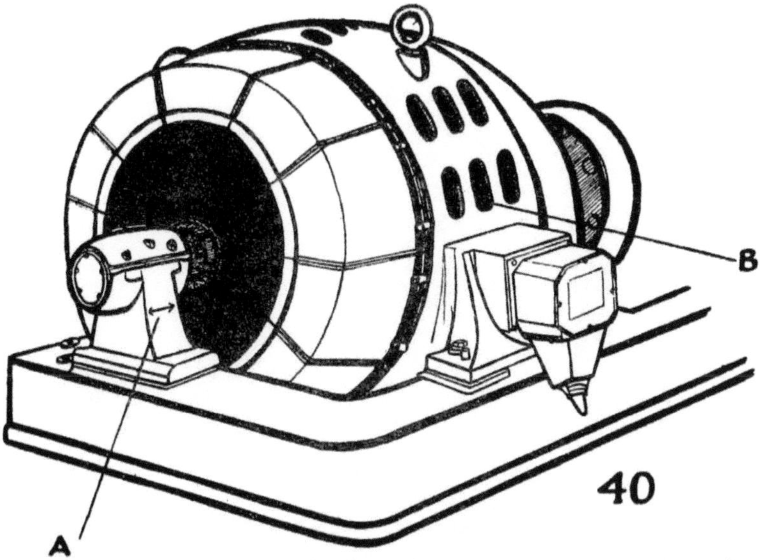


40

**ALTERNATING CURRENT MOTOR.**—If the machine is running, place Charge(s) at A. If the machine is stationary, place Charge(s) through holes B.

**MOTEUR A COURANT ALTERNATIF.**—Quand la machine tourne, posez les charges à l'endroit A. Quand la machine ne tourne pas, passez les charges par les trous B.

**WISSELSTROOM MOTOR.**—Wanneer de machine loopt plaats de lading(en) aan A. Wanneer de machine stil staat plaats de lading(en) door de gaten B.

**VEKSELSTROEMS MOTOR.**—Hvis maskin er i gang, plaser ladningen(e) ved A. Hvis maskinen staar stille, plaser ladningen(e) gjennem hullene ved B.

**VEKSELSTROENSMOTOR.**—Hvis Maskinen er i Gang anbringes Sprengladningen paa Steet mærket A. Hvis Maskinen er stoppet anbringes Ladningen gennem Hullerne mærket B.

**MOTOR NA STRIDAVY PROUD.**—Jestli že motor pracuje, přiložte nálož(e) na místo A. Jestli že motor je v klidu, vložte nálož(e) do otvoru B.

**WECHSELSTROM-MOTOR.**—Falls die Maschine läuft, Sprengladung bei A anbringen. Falls die Maschine stillsteht, Sprengladung durch die Löcher B einführen.

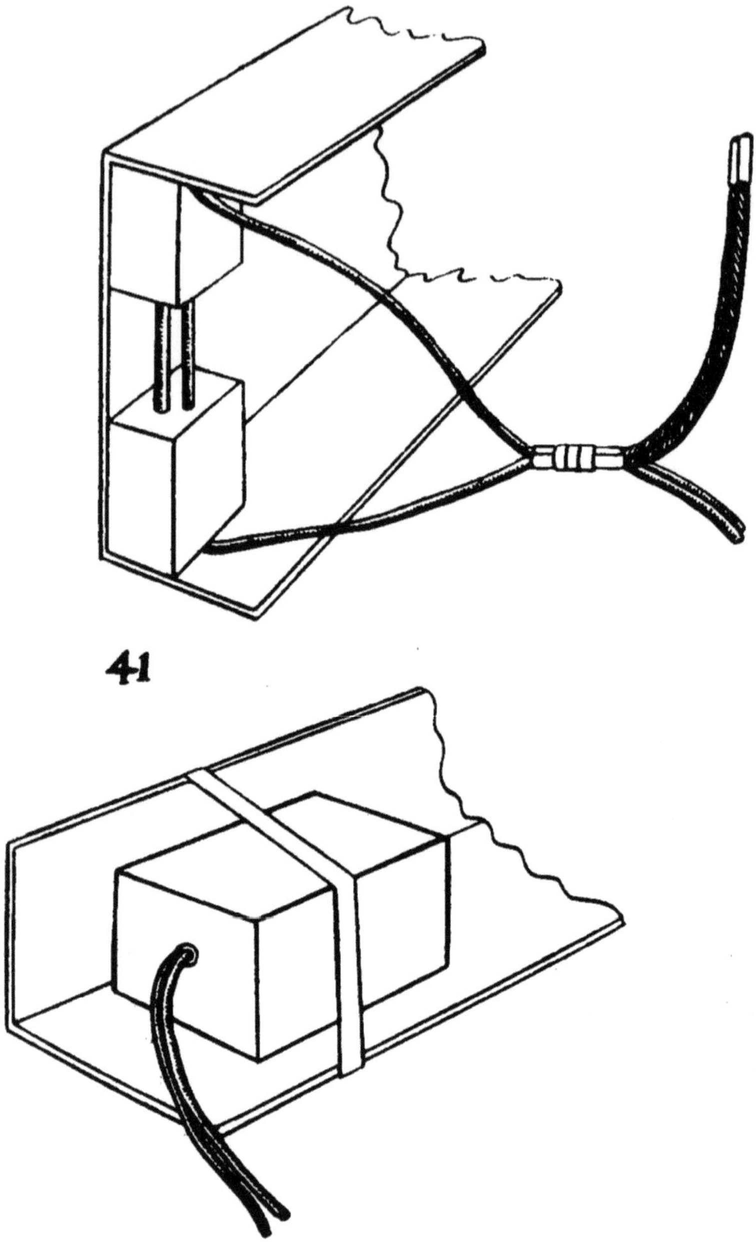

41

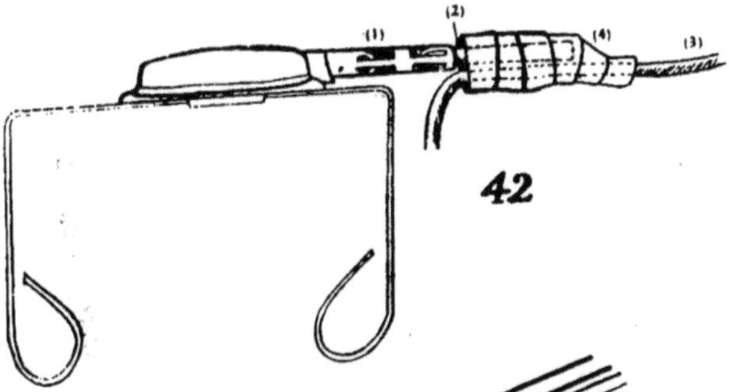


42

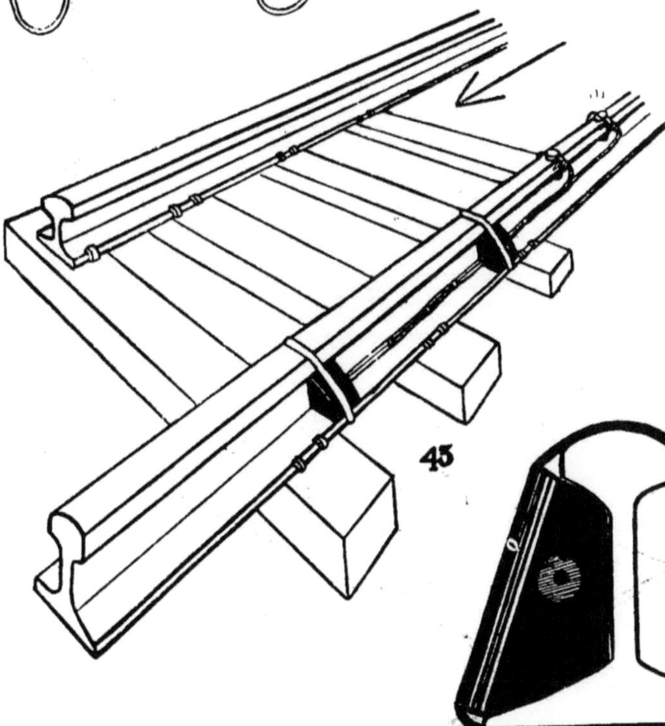

43

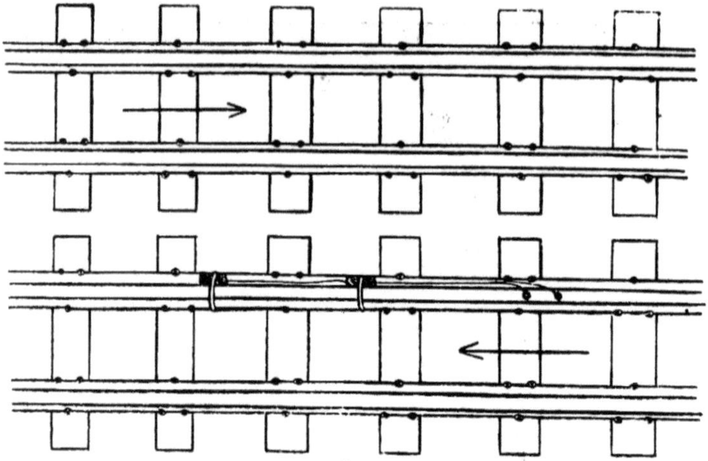

44

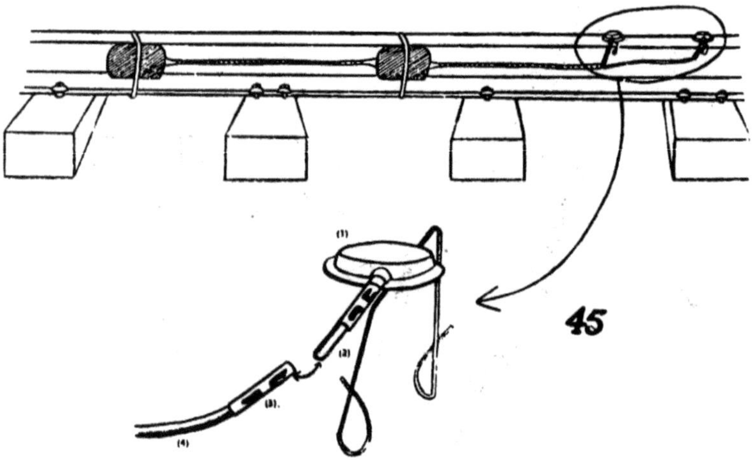


45

46

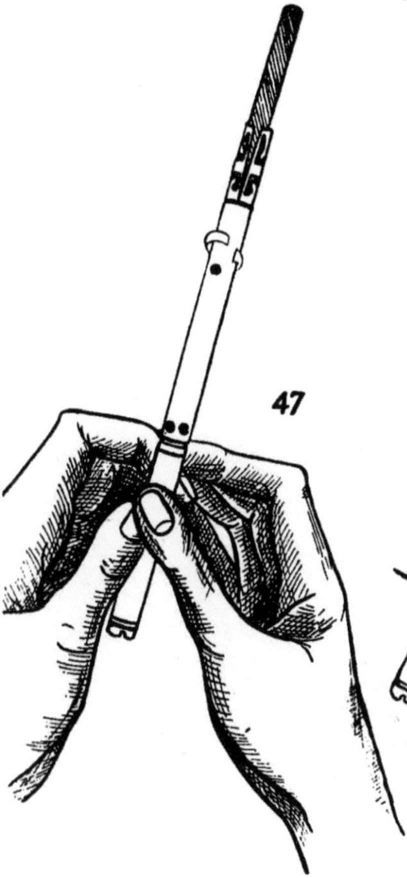

47

48

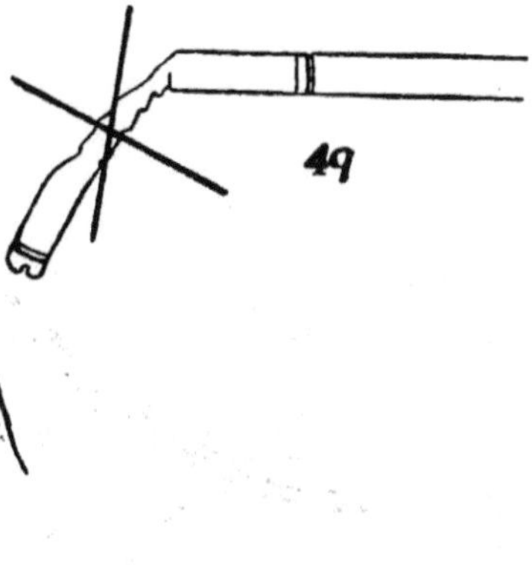

49

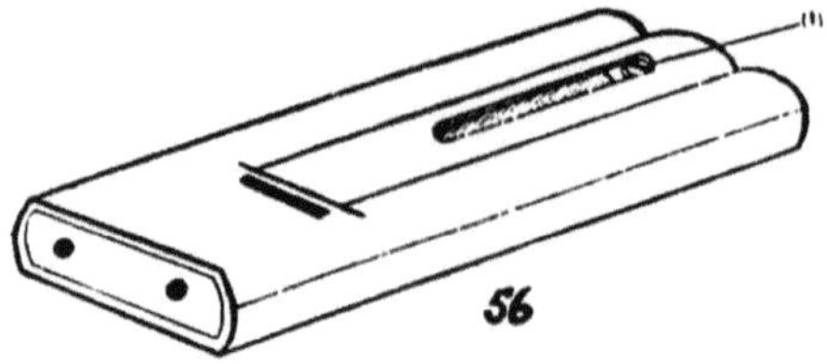

56

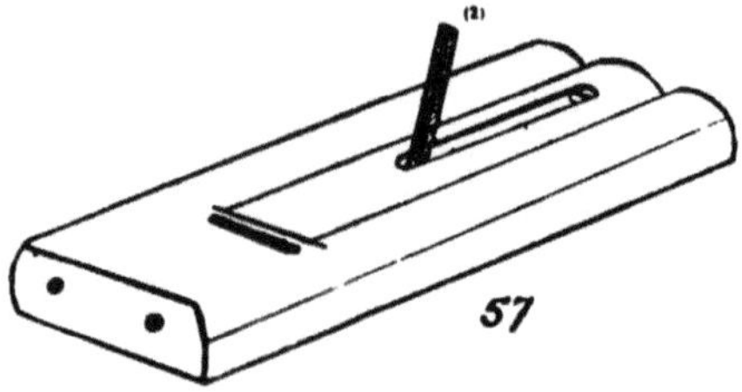

57

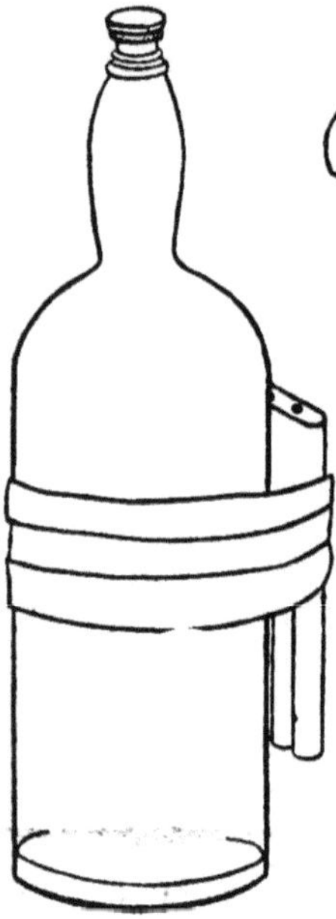

59

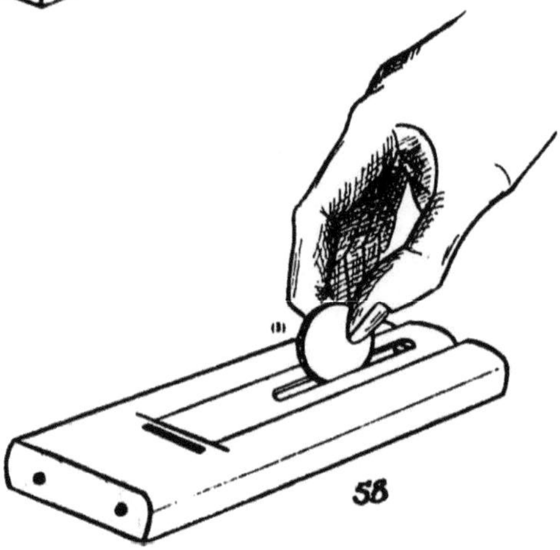

58

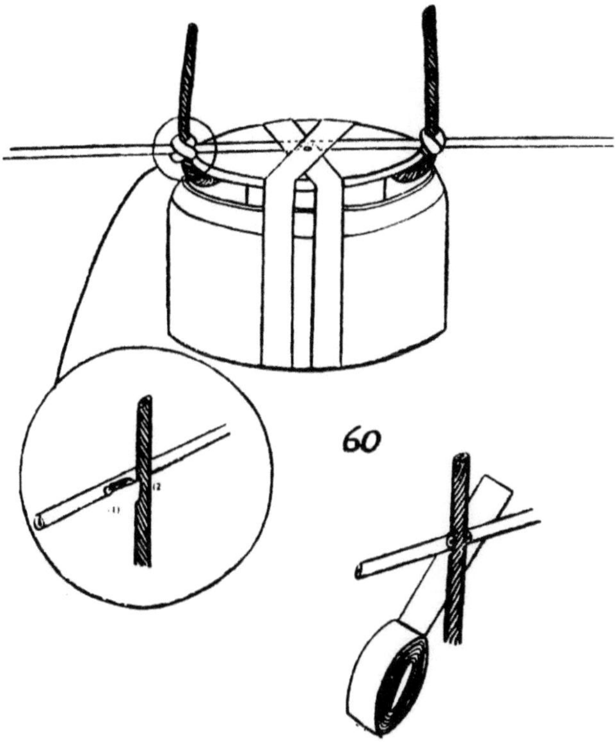

60

61

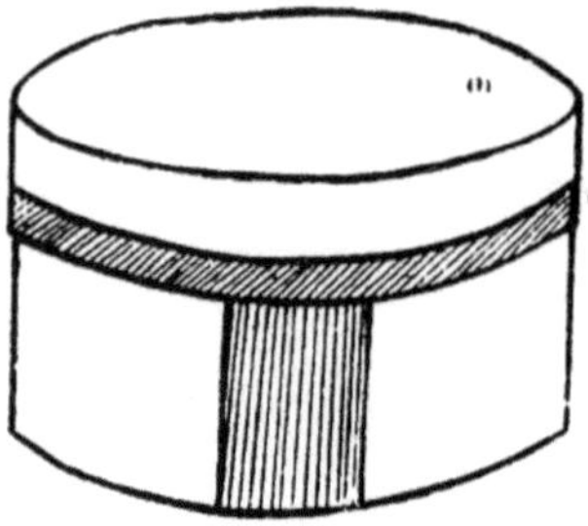

50

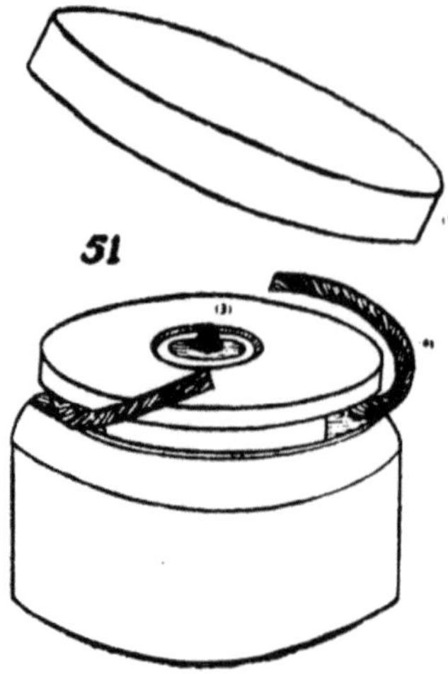

51

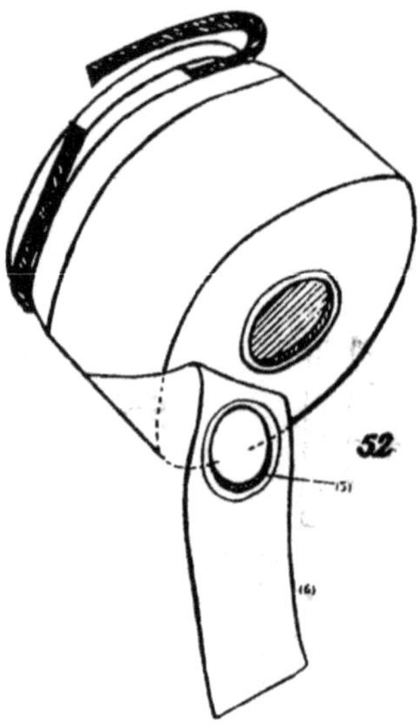

52

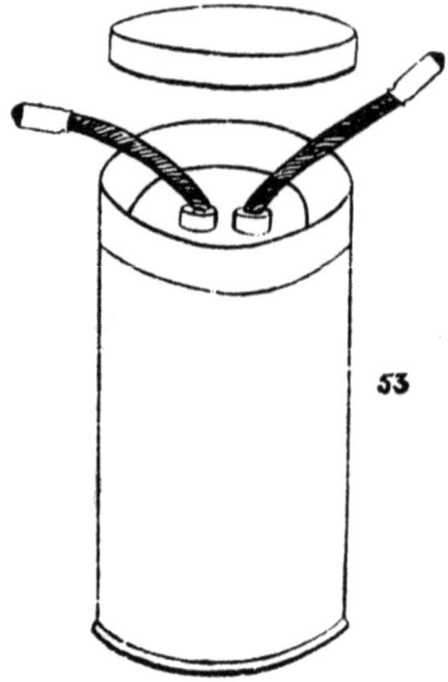

53

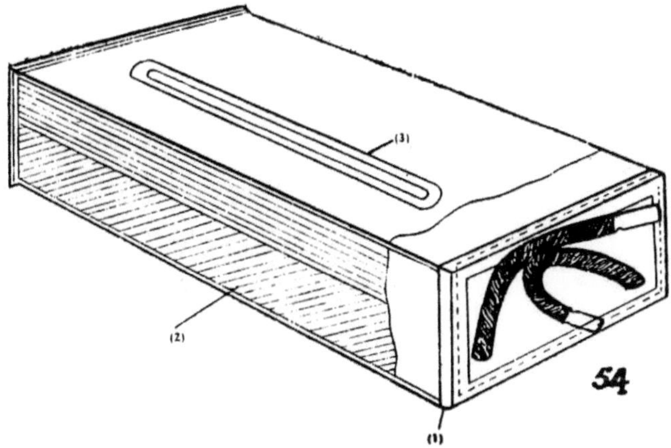


54

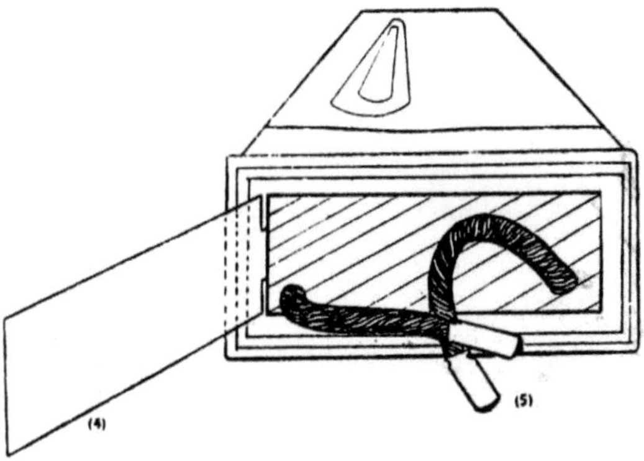


55

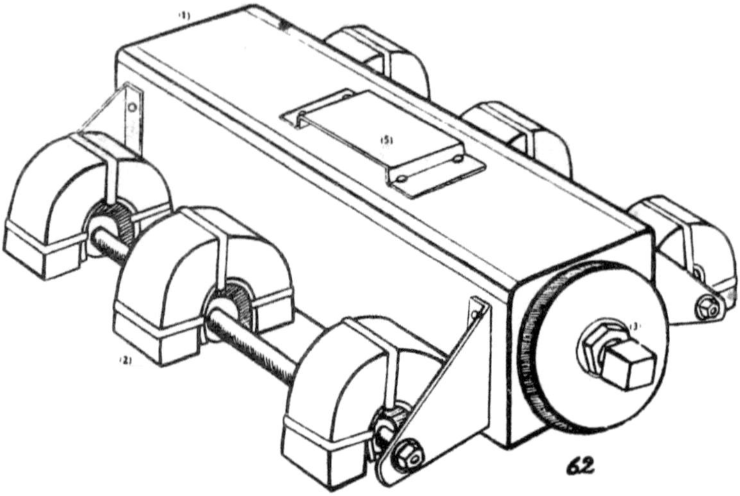

62

TYPE 6

63

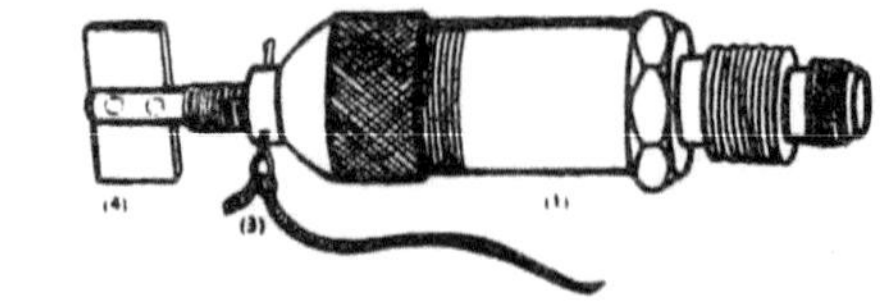

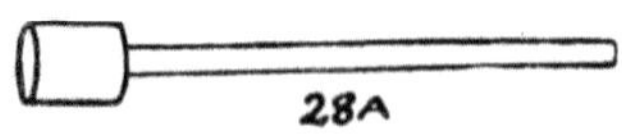

28A

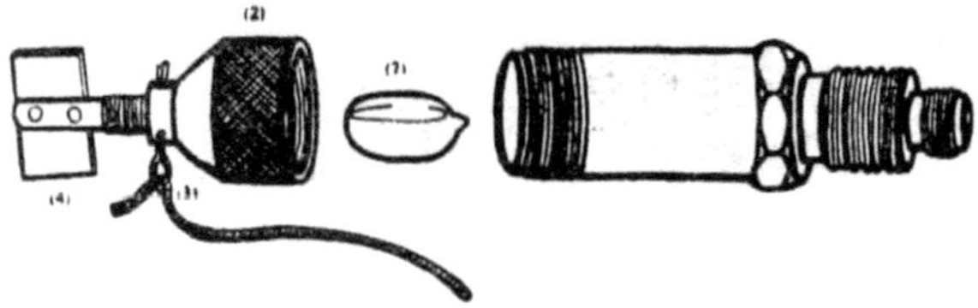

64

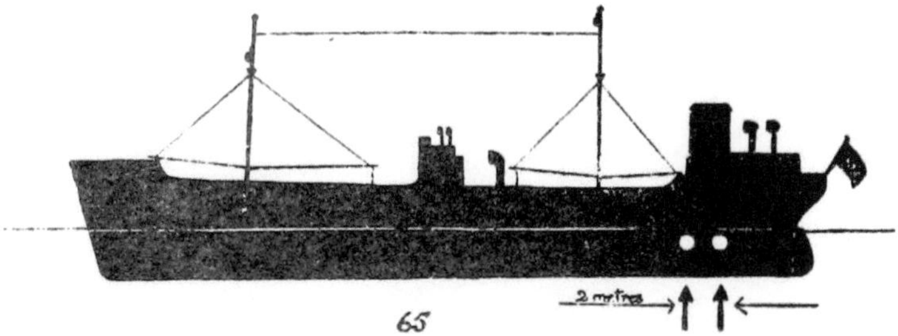


65

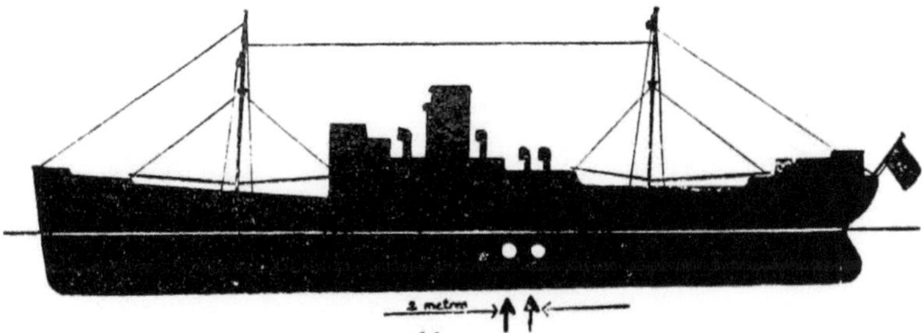


66

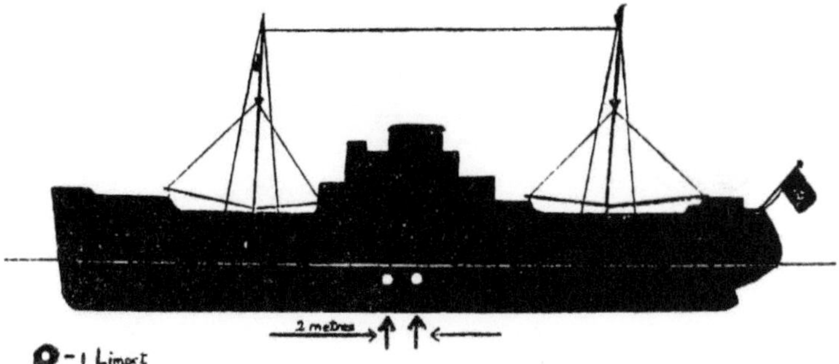


67

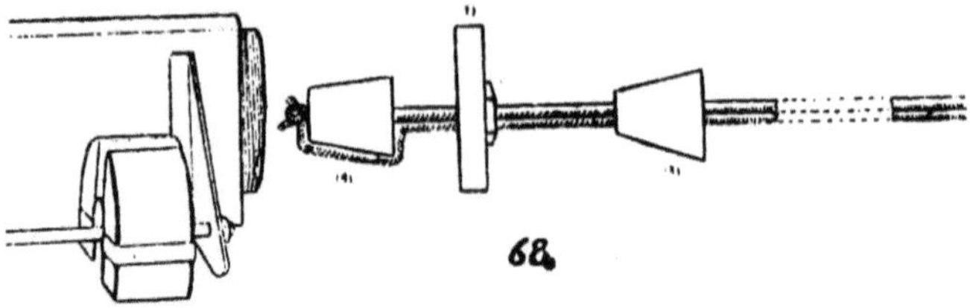

68

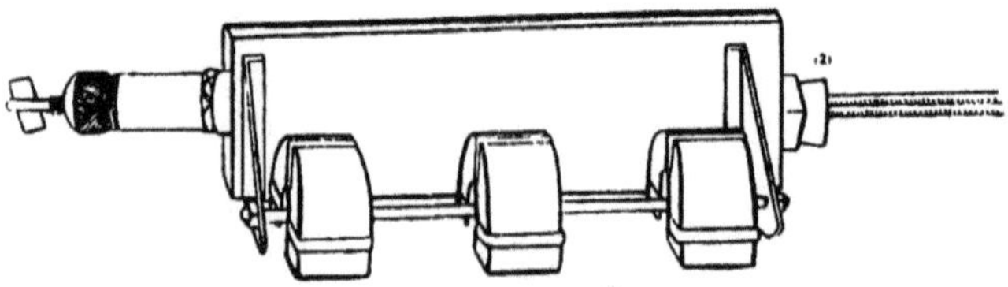

6a

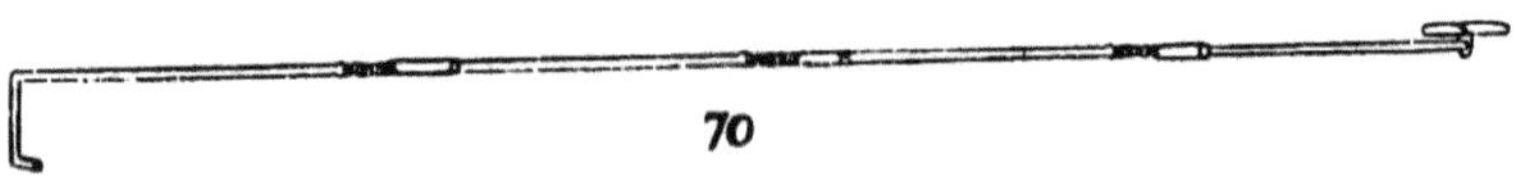

70

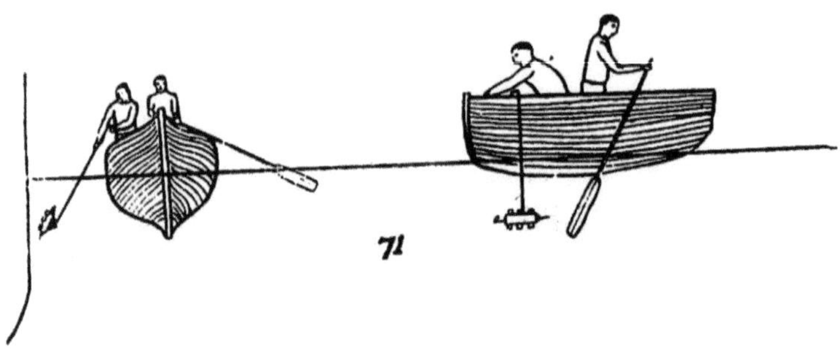

71

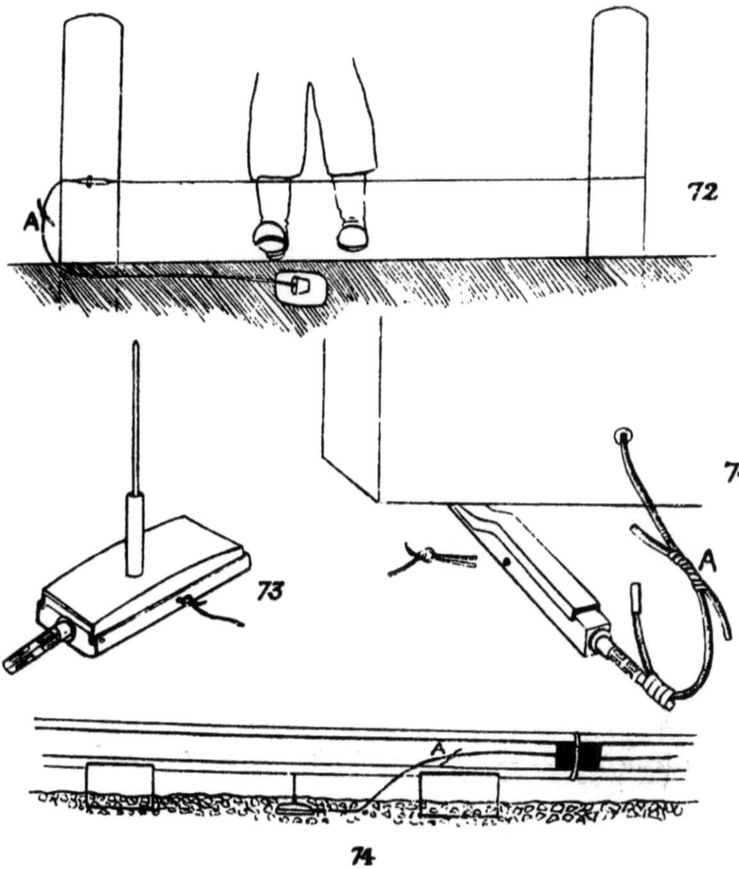
A
72
73
75
A
A
74

76

77

78

80

79

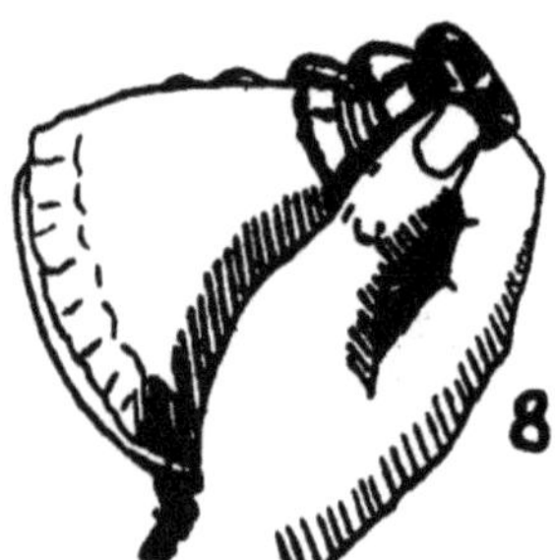

81

82

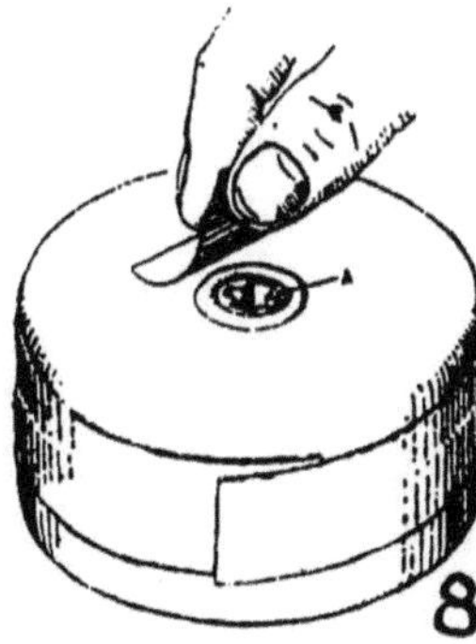

83

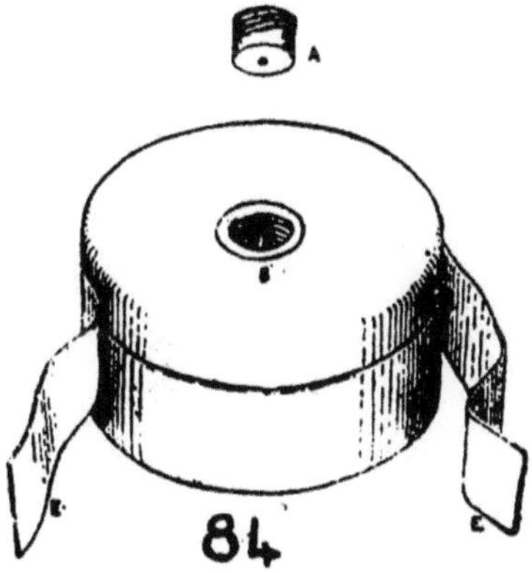

84

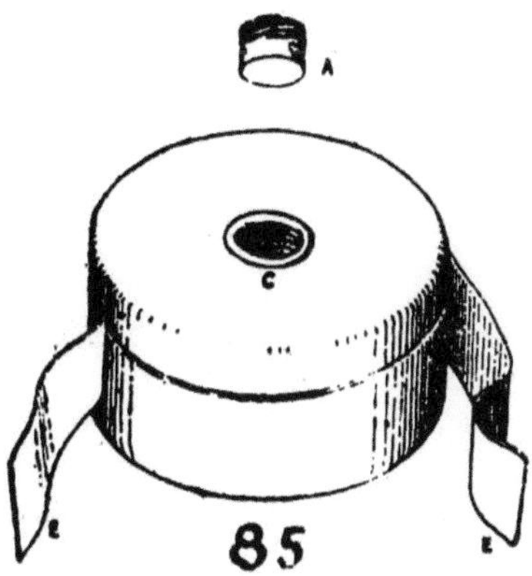

85

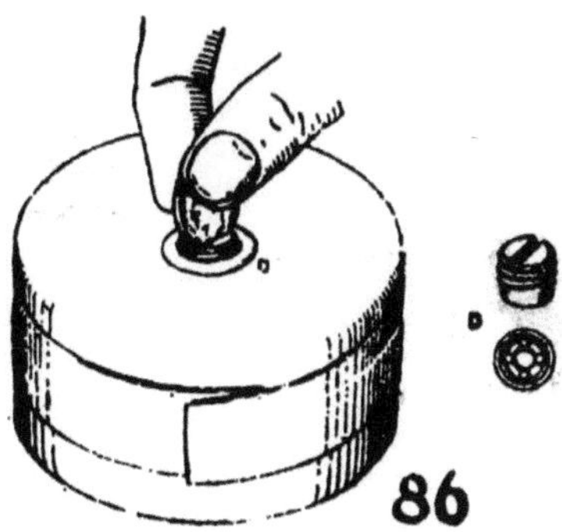

86

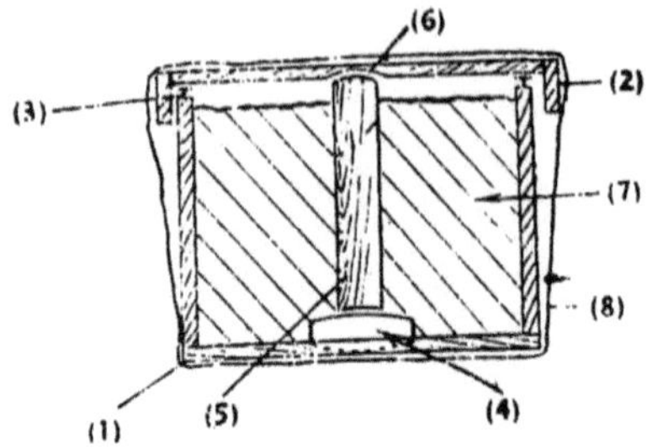


87

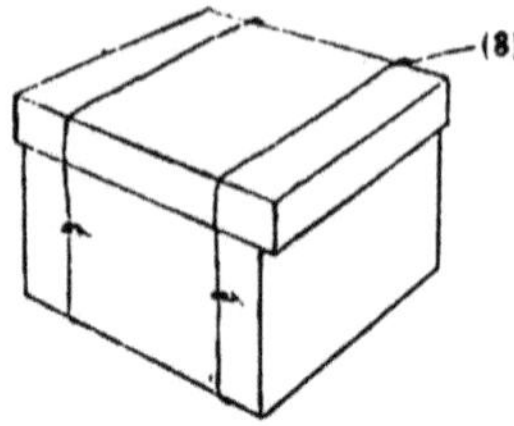


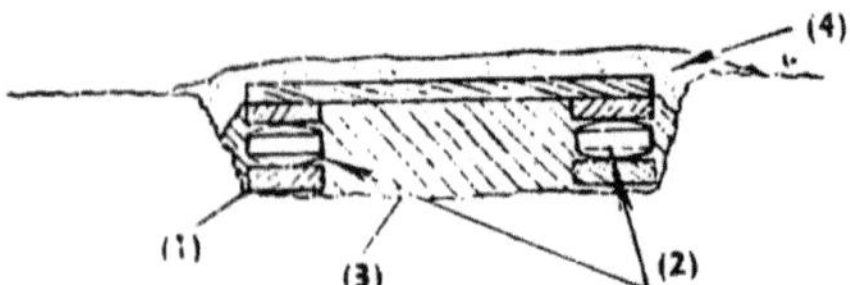


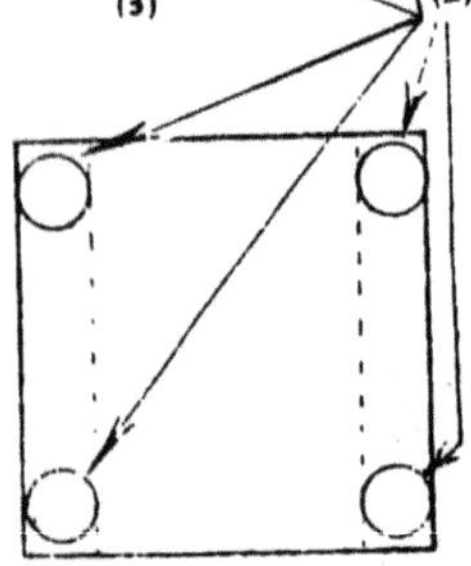

88

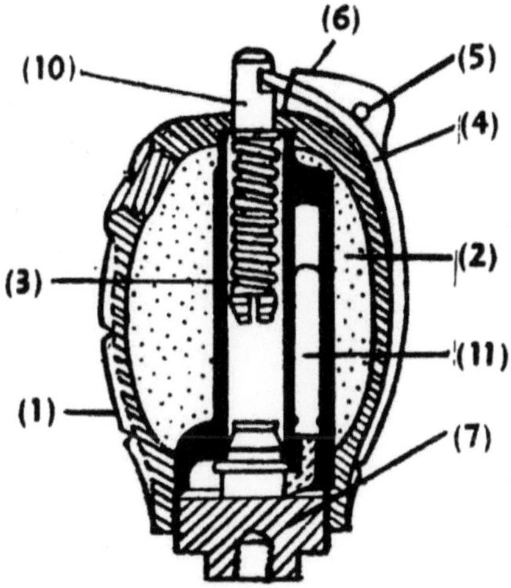


89

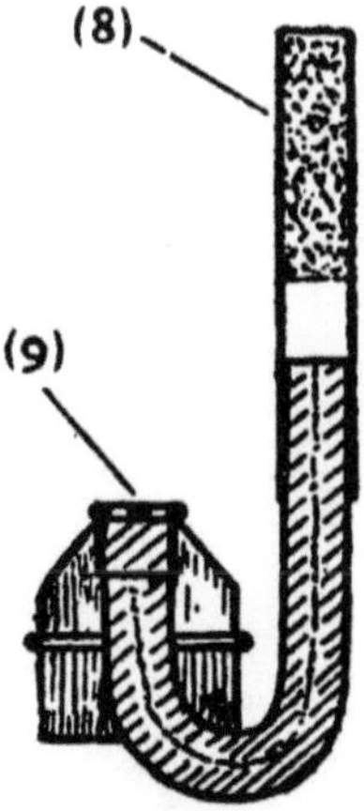


90

91

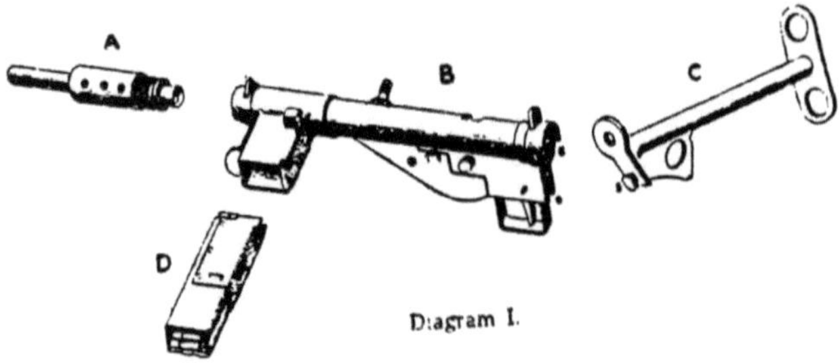


Diagram I.

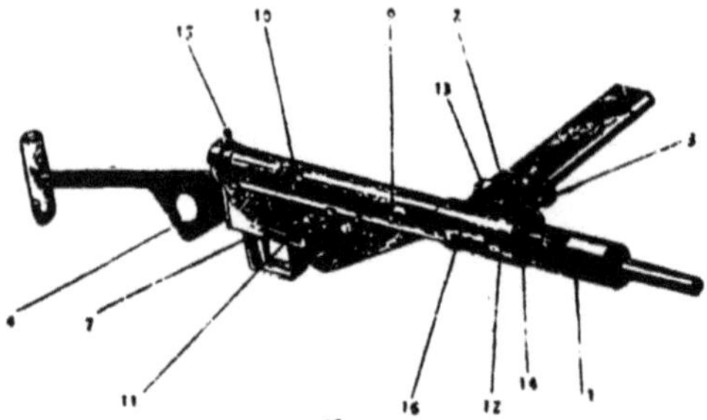

Diagram II.

Diagram III.

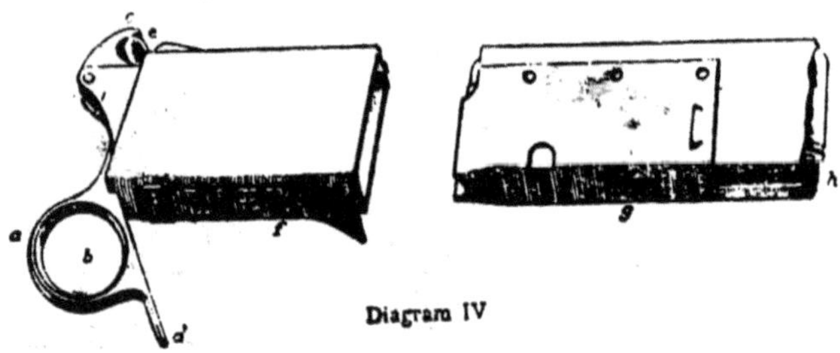


Diagram IV

# Vom gleichen Autor:

**Wolfgang Michel**

# Das Fairbairn-Sykes Kampfmesser

Symbol britischer Guerillakriegsführung im Zweiten Weltkrieg

**Die archaisch wirkende Waffe steht symbolhaft für wagemutige Geheimoperationen, die Großbritannien während des Zweiten Weltkrieges in deutsch besetzten Ländern durchführte.**

**Dieses Buch bietet einen Überblick über die Entwicklung dieses millionenfach hergestellten Messers und den Lebenshintergrund seiner Erfinder. Außerdem untersucht es die Ursachen, die zur Aufstellung von Guerillaeinheiten in Großbritannien führten und welche Rolle das Messer dabei spielte.**

**Überdies bewertet es seinen Einsatz im historischen Kontext und untersucht, inwiefern das FS-Messer auch heute noch Bedeutung im militärischen oder zivilen Gebrauch besitzt.**

**Die Fachzeitschrift „Visier“ (04/2008) meint:
„Alles in allem schließt sich durch dieses Werk endlich eine Lücke. Das gilt sowohl aus Sicht der an historischen Messern Interessierten wie auch derjenigen, die sich mit Commandos und ihrer Geschichte befassen.“**

Wolfgang Michel: „Das Fairbairn-Sykes Kampfmesser“
Norderstedt: Books on Demand Verlag, 2007
ISBN: 978-3-8370-0877-7
19,90 Euro

Bestellbar im Buchhandel oder versandkostenfrei bei
www.amazon.de

# Vom gleichen Autor:

Wolfgang Michel

# Britische Schalldämpferwaffen 1939–1945

Entwicklung, Technik, Wirkung

**Großbritannien entwickelte während des Zweiten Weltkriegs eine Vielzahl von schallgedämpften Schusswaffen – weit mehr als alle anderen am Kampf beteiligten Länder. Über diese hochgeheimen Waffen, seien es Welrod-Pistole, De Lisle Karabiner oder die nahezu unbekannte Ärmelpistole „Sleeve Gun", waren harte Fakten in den Jahrzehnten nach Kriegsende selten zu finden und bald rankten sich um sie die merkwürdigsten Legenden. Durch Auswertung von in jüngster Zeit freigegebenen britischen Regierungsakten lüftet dieses Buch den Schleier der Geheimhaltung und vermittelt einen interessanten Einblick in die Waffentechnik dieser Zeit.**

**Erstmals in deutscher Sprache bietet „Britische Schalldämpferwaffen 1939–1945" einen Überblick über die Entwicklung und Verwendung von Schalldämpfern in Großbritannien während des Zweiten Weltkriegs. Es analysiert, inwieweit derartiges Schusswaffenzubehör bereits bei Kriegsbeginn verfügbar war und untersucht die technischen Lösungen, mit denen britische Ingenieure wesentliche Steigerungen bei der Dämpfungsleistung erzielten. Außerdem stellt es die Einsatzkräfte vor, für die diese Spezialwaffen vorgesehen waren und zieht Rückschlüsse auf deren Einfluss auf die alliierte Kriegstaktik.**

# Vom gleichen Autor:

Wolfgang Michel

# Die Liberator Pistole FP-45

Partisanenwaffe und Mittel zur psychologischen Kriegsführung

**Während des Zweiten Weltkriegs stellten die USA in Zusammenarbeit mit Großbritannien aus billigstem Material große Stückzahlen einer sehr einfach aufgebauten Pistole her. Sie hätte keinesfalls über einen längeren Zeitraum als Kampfwaffe eingesetzt werden können. Diese „Einwegpistole“ wollten die Alliierten zu Tausenden über den von den Deutschen besetzten Ländern abwerfen, damit dort Zivilisten gegen die Nazis Widerstand leisten konnten.**

**Durch dieses Konzept der psychologischen Kriegsführung sollte nicht nur der Widerstand der unterdrückten Nationen angeheizt werden. Vielmehr wollten die Alliierten ihren Gegner mit einer massenhaften Volksbewaffnung konfrontieren. Denn die Deutschen hätten somit an der Front dringend benötigte Kräfte in das vermeintlich sichere Hinterland abkommandieren müssen.**

**Dieses Buch untersucht die Hintergründe der Entwicklung der hochgeheimen, als „Liberator Pistole“ bekannten Waffe und legt ihre technischen Details sowie das Rätsel um ihre Herstellung offen. Auch die geplanten Einsatzszenarien, in denen sie eine Rolle spielen sollte, und die Gründe, die ihren Einsatz letztendlich verhinderten, werden beleuchtet.**